U0196821

街角で見つけた、デザイン・シンキング

Design Thinking For Real Life

Akiko Takehara

在街角发现设计

[日] 竹原秋子　著

张琳琳　译

北京大学出版社
PEKING UNIVERSITY PRESS

前 言

2003 年 7 月，正值《日经设计》杂志的版面更新，由当时正在和光大学任教的竹原秋子女士主导的专栏"因设计不问自答"正式启动。作为杂志的卷首，该专栏令人眼前一亮。为其执笔的竹原女士，经常往返于巴黎与东京两地，在生活的一些小细节中，竹原女士因自己的兴趣，常常会关注到一些不起眼的工业设计或公共设计，它们散落在巴黎的街头巷尾，暗含了一些独特的思想与文化差异。因此，我们邀请竹原女士以此为话题，为专栏撰写一些小文章，并搭配上相应的照片，为读者解读这些可爱的设计。

12 年前，"设计""创意"之类的词语还没有现今这般脍炙人口。我们创立这个专栏的目的，正是希望能给读者们一个参考。在工业设计和公共设计之中，伴随着设计成果的产生，其思想中所蕴含的全新视角及全新创意，值得我们一探究竟。正如编辑部所希望的那般，"因设计不问自答"获得了读者的大力支持，成为了《日经设计》的人气专栏。至2014 年 9 月，该专栏已经连载了 12 年，共经历了 135 期杂志，成为《日经设计》创刊以来最"长寿"的专栏。

本书精心挑选了该专栏曾刊登的文章，按照不同主题重新进行了分类。若您能将此书闲时置于枕边，心血来潮时信手翻阅一二，并从中能获得一些设计与创意中的启发，那已是我们最大的幸福。

《日经设计》编辑部

崭新的，永恒追求崭新的欲望。所谓"新"，它像毒品一样令人亢奋，却在最后成为不可或缺的营养。一旦成瘾，我必渴求它，犹如疯狂。即使万幸未死，那盈千累万的毒品也足以令我仿若置身死亡。

——保尔·瓦雷里
（20世纪法国象征派的代表大师、诗人、思想家）

目 录

第一章 "啊，原来设计还可以是这样的"

璀璨夺目 水晶苹果标志 2

传奇杰作 TOLIX 4

购物改革 便捷手拖车 6

高筒胶靴 一份来自优雅的邀约 8

法式风格 棉被压缩袋 10

设计原点 贪心招财猫 12

文化渗透 法式漫画咖啡馆 14

全年无休 不像书店的书店 16

时尚双子 杂志也有双胞胎 18

梦想传承 法国的RoBolution 20

第二章 不走寻常路的包装设计

绝对天然 不走寻常路的酒包装 26

高丽茶碗 微波食品 28

挑战禁忌 男式护肤品 30

无谓口感 花样饮料瓶 32

包装营销 OGO矿泉水 34

别样盆栽 让你爱上种花 36

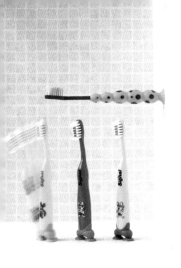

第四章　公共设计与幽默感

艾滋预防　名胜地的宣传活动　64

禁止进入　微笑的恶搞标识　66

禁止标识　草地正在休息　68

以大取胜　紧急事态下的放心标识　70

为您服务　印象派洗手间　72

暖心冬季　毛线织起的募捐大潮　74

幽默至上　多彩支柱　76

第五章　用孩子的眼睛去看

芭比医生　儿童就医心理建设　84

安心乐园　转椅游戏　86

亲子展览　同一视角下的玩具世界　88

趣味科技　无需眼镜的3D展　90

与子同乐　不一样的时尚展　92

精致玩具　两代人的心爱之物　94

安全工艺　可以咬的长颈鹿　96

青空冰场　公共设计中的游乐园　98

第三章　让人笑逐颜开的设计

法国制造　幽默筷子　42

休假设计　向幽灵街道说"不"　44

时尚禁烟　花样烟灰缸　46

新鲜设计　换装座椅　50

多彩外观　橡胶底沙拉碗　52

纯真童趣　吸盘式儿童牙刷　54

独特设计　大人们开的小玩笑　56

男式潮流　米开朗琪罗再发现　58

旧物新用　蔬菜纸张　60

第六章　都市中的环保服务

以假乱真　树形路灯杆　102

"达标"设计　低调垃圾箱　104

悲壮背影　巴黎公共电话　106

巨型花盆　烟头灭火器　108

设计传承　巴黎沙滩上的舒适创意　110

新奇科技　绿洲公交站　112

第七章　环境友好城市·系统

安全先行　自行车专用信号灯　118

以"车"代"车"　公共自行车Velib　120

河上工厂　Velib修理船　122

观光创意　脚踏出租车　124

站前出租　连通各地的三轮车　126

生态快递　橙色三轮配送车　128

环保邮政　手动拉杆包　130

一路直达　和自行车一起坐电车　132

第八章　环境友好城市·守护

微笑轮椅　公认素材下的创意　　136

鲜亮用色　橙色运送车　　138

丹麦制造　Nihola自行车　　140

变化万千　会捉迷藏的自行车　　142

专为爱宠　宠物手推车　　144

旧物创新　藤制三轮车　　146

手摇轮椅　化阻碍为零　　148

第九章　展示中的灵光一现

展示魔术　俯身仰视　　152

投影艺术　自动翻页的巨型图书　　154

以手赏画　触觉名画展　　156

超越歧视　不同肤色的人偶模特　　158

震撼十足　谷歌地图上的空间展示　　160

第十章　品牌力设计与权力设计

豪奢围栏　路易威登正在施工　　164

围栏战术　巴黎警署的招募作战　　166

权力设计　密特朗总统　　168

生态巡逻　巴黎骑兵队　　170

视觉围栏　玛丽·安托瓦内特与障眼法　　172

两强对决　苹果与三星之争　　174

第十一章 安全・安心型社会
　　　　与监狱式社会

监狱社会	个人条形码	178
天外飞声	不是鸟鸣，也不是"请通过"	180
人性设计	坐着轮椅上公交车	182
声音主角	地铁交通卡	184
设身处地	Thalys的站牌设计	186
费时之美	单眼35分钟睫毛膏	188
删除记录	分手电话	190
一目了然	紧急图示	192
画面解析	逃生设计	194

第十二章 减灾设计

IT最爱	百分百天然设计	198
警钟长鸣	"铭记"设计	200
环保房屋	巴黎联排住宅	202
能效标识	住宅专用	204
电光流转	会发光的电源线	206
崭新纪元	租赁电动车	208
垂直花园	3毫米的秘密	210
丰田汽车	产自法国	212
赤足小子	漫画的力量	214
水上积木	巴黎的减灾公园	216

结　语
220

第一章　　　　　　"啊，原来设计还可以是这样的"

忘记你已经学到的一切吧，创意将从好奇心中产生。首先寻根问底，之后保持质疑，最后才对既有事物点头认可。熨帖人心的设计永远不可能从理论中诞生。不可言说的情感虽然常常会从中作梗，但最终说服你的，一定仍是逻辑。

璀璨夺目

水晶苹果标志

苹果的产品设计自问世以来，便成为了所有设计师的桎梏。在20世纪70年代后期至90年代后期的这20年里，苹果的设计以不变应万变，其极简的设计理念令其他公司望而兴叹。自iPod面世以来，直至今日，苹果的设计已经到了极简的地步。即使是闭上双眼，人们的面前也会自然而然地浮现出Mac之类的苹果产品，以及那用指尖轻轻一点，便能领会到的苹果独有的简约设计。无论是产品还是设计，苹果都无法成为任何人的效仿对象，因为它真的太简单了，所谓效仿，最后难免会沦落成一场尴尬的"临摹"。

但是，这一犹如踏上神坛的信仰终于还是受到了来自外界的挑战。2005年，在法国巴黎的蓬皮杜艺术中心，iPod mini正式发售。在iPod mini的铝制外壳之上，贴了1000颗施华洛世奇水晶，使得原本的量产型数码产品摇身一变，成为了一件货真价实的艺术品。这种想法的产生是有原因的。在此之前，已经有很多"果粉"，将自己的iPod交到加工匠人的手上，花上十倍于商品本身的价格，以

在蓬皮杜艺术中心的展示舱中，手机、相机等产品璀璨夺目。

拥有一台熠熠生辉的水晶 mini。

　　iPod mini 能够通过宝石的个性化加工"变身"成为一件艺术品，究其原因，正是得益于苹果本身简单到"空白"的设计理念。既然设计本身已经达到了极简境界，那么不妨让使用者们为产品锦上添花。然而，有一点却值得注意，那就是产品上的苹果标志完整地被一圈施华洛世奇水晶所包围，因此显得更为突出。看来，这一场锦上添花，归根到底，还是因为苹果本身的地位无人可撼。

传奇杰作

TOLIX

除了照片中的款式，"模型 A"还有儿童专用型、带置物架型等，其所适用的范围正在不断扩大。

在法国，有一款椅子，评价极高，被称为"神话般的名作"。这款椅子的底座由一整块镀锌板构成。将镀锌板压平，制成椅面与四只椅腿，再与椅背焊接起来，形成了一张一体化的椅子。该作品诞生于 1930 年，当时，它的名字叫做：TOLIX，模型 A。

这款椅子现今在法国大为流行，被广泛应用于咖啡厅与公园之中。而说起这款椅子流行的起因，还有一个不得不提到的人。他是一家精品店的老板，在开店之初，为了搜集商品，在一家即将破产的企业仓库里发现了这样一批造型轻便、使用舒适的金属家具。慧眼独具的老板立刻决定让这批家具"重出江湖"，再一次走进公众的视野。金属家具从诞生之初，就得到了众多传统企业的认可，如今更是一举收获了年轻群体的青睐。

年轻人们如此偏爱六七十年代的时尚设计与日用品，并不是因为它们复古，而恰恰是因为它们新鲜。同理，"模型 A"之所以能受到如此高的评价，也不是因为它唤起了人们对于过去的回忆，而是因为它采用了当下已难得一见的材质。生产技术的进步使得现代工业制品的生产变得越来越简单。很多产品都是经由机器，直接从一张图纸变为了一件实物，根本看不见任何生产的过程。然而，在这把普通的椅子上，人们却能看到设计师与材质间相互冲突、相互沟通的经过，直到产品诞生为止的一举一动，都鲜明地体现在这把椅子上。这，就是一种别样的新鲜。

购物改革

便捷手拖车

在巴黎随处可见的超市 Monoprix 如今呈现出一股新气象——传统的超市手推车逐渐消失，新型的购物手拖车进入了人们的视野。

20 世纪 50 年代，美国超市中的购物车一度成为消费型社会的代表，成功地革新了全球的消费形态。这种购物车多为手推车，对于那些大量采购以及带孩子的顾客来说尤其便利。然而，一些城市道路狭窄，超市内部也较为拥挤，这种购物车反而成为了一种累赘。因此，一种介于购物篮和购物车之间的设计应运而生。这种手拖车的拉杆可以根据人的身高进行调节，共设有五种不同的长度。篮子的尺寸与车轮十分匹配，稳定性非常好，同时还可作为购物手提篮使用。传统购物车可以横向组叠在一起，节省空间，这一点常为人称道；而手拖车也可以纵向组叠，同样便于放置。

从购物手推车发展到购物手拖车，耗费了整整半个世纪的时间，这实在令人惊讶。虽然也有人认为，并不是所有顾客都会在购物时使用购物车，但这并不是理由。迅猛发展的数字技术使得现代物流得到了飞速的进步，然而却很少有设计师注意到，即使是在超市购买商品并进行搬运的简单体验，也是需要更新升级的。

巴黎超市 Monoprix 的入口处放置的手拖车。

高筒胶靴

一份来自优雅的邀约

　　若非身在雪乡，你可能很难发现高筒胶靴的踪迹。在并不遥远的过去，交通环境恶劣，泥泞道路纵横，胶靴作为一件实用生活用品十分常见。现今，除了在捕鱼业和食品加工业等领域，胶靴已经越来越少见。它成为了一件特定领域从业人员的专用品，所有的设计都要为功能的最大化让路。

　　然而，在与巴黎皇宫广场一街之隔的一家园艺用品店里，却展出了一双色彩鲜艳、纹路新奇的高筒胶靴。在展示窗中引人注目的这件作品，由设计师曼纽尔·卡巴斯设计。虽然看上去只是在普通的胶靴外层包上一层布料，但整双胶靴却神奇地焕然一新，变成了一件极具时尚感的作品。法国已故前总统弗朗索瓦·密特朗曾穿着高筒胶靴，在自家别墅外修整庭院。这个画面后被公开，让人不禁产生联想，是否整个欧洲都具有这种独特的胶靴情怀？不过，应该也只有这样一双独具一格的胶靴，才能进入特权阶层的庭院吧。

　　然而惊喜却不止于此，又有一双充满了戏剧性的高筒胶靴进入了人们的视野。在黑色胶靴的靴筒口处，犹如女性的披肩一般，围上了一圈精美的茸毛。整个设计的优雅特质在一瞬间便捕获了人们的心。在法国，许多人出行时都会优先选择鞋子，再根据鞋的需要搭配衣物。对于鞋具的敏感特质，使得法国的高筒胶靴得以跻身于顶尖潮流之中。

靴筒口的茸毛可摘取。无论是雨雪交加还是天朗气清，
胶靴都应对自如。

法式风格

棉被压缩袋

日本人的住宅普遍狭小，因此棉被压缩袋大为流行。然而令人意外的是，在美国及欧洲的家庭中，这种收纳袋竟然也能派上用场。

好莱坞电影《一个购物狂的自白》描写了现代女性刷着信用卡，毫无节制地拼命购物的故事。在这部电影的开头，有这样一个滑稽场面：房间的一整面墙壁上全都钉上了橱柜，里面塞满了挤着大量衣服和鞋的压缩袋。由此可见，棉被压缩技术在当时就已广泛应用于美式空间压缩型衣物收纳中。

这种压缩袋在法国被称为"紧致袋"。它们造型多样，有的呈圆筒形，有的则像是刚从干洗店里拿回来的那样，带着挂衣架。将衣服依次挂上去之后再进行压缩，最后把它们都塞进车的后备厢，就可以轻轻松松地出发去度假了。有些压缩袋甚至适用于没有吸尘器的野外，因为它可以人工进行手动抽气。还有些分为里外两层，里面是薄薄的压缩袋，外面则是一层保护罩，这是为了让别墅里的寝具和衣服远离湿气与灰尘。同样是压缩功能，在跨越了不同文化之后，它的设计用途也五彩纷呈起来。

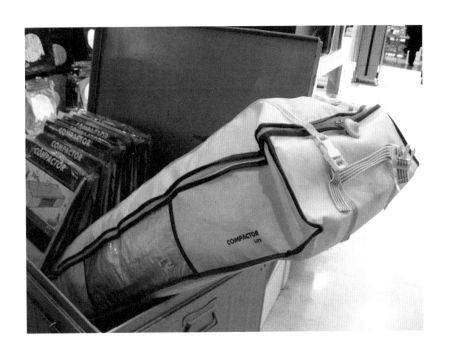

在法国，即使是中产阶级，租一座别墅过周末也是一件十分平常的事。与之相关的产品也随之不断升级。

设计原点

贪心招财猫

左手迎客，右手招财，这种招财猫的设计起源于日本江户时代。不知何时起，招财猫已经跨越了国界。不仅仅在亚洲地区，它的身影甚至出现在了欧洲的展示橱窗里。

一旦生意不好，就多摆上几只摇摆着右手的招财猫。如果生意长期不好，那就把在过去没有市场的"双手投降"造型的"贪心招财猫"摆上台面，意图人财双收。现如今，这种做法已经成为了一种传统。如果这还不够，就干脆在招财猫上再画上七福[1]，来个彻底的招福纳祥。人运、财运、福运、出人头地、生意兴隆、无病消灾、家人平安——人们满心的梦想与欲望都寄托在了一只高举双手的招财猫上。不得不说，这种设计与日本生产的器械有着异曲同工之妙。器械之中包含的先进技术，也体现着人们满满的需求。

虽然人们也知道，并不是所有的功能都能被自如应用，但是，如果商品按键数过少，就会对其销售业绩产生影响。我们似乎可以断定，从最早的计算器开始，到现如今的电脑、手机等各类电子产品，该领域不断发展的设计，它们共同的出发点，都与那只可爱的招财猫如出一辙。将触手可及的一切梦想都融于设计——这样典型的日式手法，不知今后还能否延续。

1　日本人广为信奉的七个福德之神，可给人们带来福禄。

台湾餐馆里摆放的"贪心招财猫"。据店长说，由于是日本生产才决定购入。

文化渗透

法式漫画咖啡馆

在法国人的日常交流中，常常能听到"保持禅意"与"静虑参禅"这一类词。据说是从英语的"保持冷静"一词而来。

漫画在法国大为流行，捕获了众多年轻人的心。与此同时，"宅文化""禅"等独特的日本词汇也悄无声息地渗透进了法语。日式文化在法国的影响力不断扩大，终于，在2006年7月，第一家漫画咖啡馆在巴黎的学生区正式开业。

这家咖啡馆的室内装修十分出色，里面摆放着和服与榻榻米，在营造出日式氛围的同时，又搭配了大幅的漫画场景作为壁画。咖啡馆大胆地采用了红色作为主色调，布局开放，装饰精美。来这里的顾客多为30多岁的中年人，他们15年前就已钟情于漫画；当然也有一部分孩子。这里不提供酒精，也不放音乐。所有人都犹如坐禅一般，坐在沙发或是榻榻米上，虔诚地阅读着漫画。在法国，漫画的销售量仅次于日本，位居世界第二位。在任何一家普通书店的漫画区里，你都能够找到各式各样已译为法语的日本漫画。在这里多说一句，2007年法国最卖座的漫画，可是《火影忍者》哦。

咖啡馆的房檐十分引人注目，红色的瓦檐
流露出独特的中式风情。

在"躺阅"空间里需要脱鞋。而这究竟是日本文化留下的余韵,还是新习惯的诞生,则无从得知。

全年无休

不像书店的书店

台湾文化的中心既不在美术馆也不在博物馆，而是在一家叫做"诚品"的书店里。现如今，全世界所有的书店都无一例外地面临着经营困难的窘境，图书滞销的情况随处可见。然而，诚品书店却另辟蹊径，悍然转型成为了一条商业步行街，同时还兼文化中心。这让诚品书店无论白天黑夜，都聚满了来此读书的年轻人。英语、日语等外国图书一应俱全，数量庞大，种类丰富。不仅如此，随着类型及领域的变化，不同区域内的书架摆放也不尽相同。这种独特的室内装饰，让畅游于书海的读客们忘却了阅读的疲劳。

　　更不同于普通书店的是，这里不仅欢迎各位书虫们站着"蹭书"，还别出心裁地设置了椅子和大厅，甚至还有专为孩子们设计的"躺阅"空间。在书店里脱鞋可能会引人发笑，但也着实不失为一种新鲜。一家人和乐融融，各自从书架中抽出自己想读的书，之后悠闲自在地坐在地板上，徜徉于书本之中，氛围轻松得犹如身在自家。

　　这里并不是图书馆。它和大多数书店一样，都需要售卖新近出版的图书刊物以获得盈利。但同时，它又不同于大多数书店，因为它不遗余力地向广大市民们传递着读书的乐趣。对于这一点，我深感钦佩。如若在台湾有一二友人，那么他们一定会带你去诚品书店，因为它已经成为了一处独特的文化名胜，当地的年轻人都自豪地挺起胸膛，向外国人介绍着这家独一无二的书店。

时尚双子

杂志也有双胞胎

日本的时尚杂志，总数多逾百种。诸如《装苑》之类，版面中刊登了大量读者模特的写真，注重实用性的意图明显。日本的时尚杂志，比起遥不可及的未来趋势，更着眼于眼前伸手可得的时下流行，这当然不能与时尚底蕴深厚的法国杂志相比。更加奇怪的是，这种走实用路线的杂志，居然无一例外都是 A4 型超大版面，这实在叫人匪夷所思。

然而最近，巴黎的报刊亭中开始售卖一种全新种类的时尚杂志。该款杂志同时发行 A4 版面与 B5 版面两种版本，除了大小不同之外，封面、写真、文字，甚至于广告都完全相同。我正好奇此番改动的理由，一问之下才知，是为了让读者们在上下班时更方便地阅读。这一举措，成功地拉长了职业女性本就有限的通勤时间。

将大小两版杂志进行比较，还是 A4 版的杂志更加优雅。而 B5 版的杂志，则更像是将 A4 版杂志的排版原封不动缩小后的成品。

众所周知，纸质出版物的销售日益艰难。然而这种尝试无疑为我们打开了一扇新的大门。若想挽回时尚杂志滞销的颓势，除了发行可适用于移动设备的电子版之外，还有更多方法等待我们挖掘。

B5 版杂志的价格也相应降低。

梦想传承

法国的RoBolution[1]

布鲁诺·梅索尼（Bruno Maisonnier）毕业于著名的精英工程师培训学校，喜欢《钢铁侠》和《星球大战》，是一个货真价实的科幻迷。毕业后，他曾就职于一家银行，在看到索尼公司推出机器狗 AIBO 后，毅然辞职。那是 1999 年，他独自一人，开始了自己机器人制造的梦想之旅。

对于创业的初衷，梅索尼坦言，是因为不满于当时机器人产业的状况。在日、美等国，都只有专供于商业及实验用途的高价机器人，而 AIBO 的出现无疑打破了这一局面。可爱的 AIBO 可以陪伴在每一个普通人的身边，这让梅索尼看到了一丝梦想实现的曙光。创业四年后，他完成了机器人 NAO 的制作。NAO 在 2010 年香奈儿的时装秀中登场，使其知名度大幅提高，机器人制造也一跃成为法国的代表产业。梅索尼的公司 Aldebaran Robotics 生产的机器人，每台价格由 36 万日元至 140 万日元不等。因其影响，法国政府将

1　Robot（机器人）与revolution（革命）的合成词。指机器人脱离单纯的生产空间，进入人们的生活，甚至足以影响人类精神活动的变革过程，是机器人产业革命的代名词。同时，也是一家日本电子、电器制造商的名称。该企业在机器人制造领域声名远播。

面向儿童的机器人车间正式落成，机器人已经渗透进法国
人生活的方方面面。

机器人产业列入了本国先进技术开发的最前沿，并给予了梅索尼的公司 100 万欧元的经济资助。法国的机器人，从此成为"法国制造"的荣誉代表。

深受人们喜爱的 AIBO 如今已经淡出了大众的视野，而他的"弟弟"NAO 却意外地"出生"在了法国。法国人自关注机器人产业以来，做出了大量努力，甚至将

亲子同乐的纸质机器人制造车间搬进了美术馆。2014 年，日本软银公司的孙社长正式公布了人形机器人 Pepper。而他竟然成为了 NAO 的"弟弟"，这是怎样一种奇妙的缘分！不过，虽说它们都是兄弟，但比起人类来，机器人还是更加小巧可爱些。

第二章

不走寻常路的包装设计

也许是几秒钟，也许是几天，也许是几年，产品的外包装早晚都会成为废纸一堆。使用前，使用时，使用后，无论是奢是俭，包装会映刻着时间的变化，悄然改变自己的容颜。它将利用一己之百变，向世间禁忌悍然宣战。

绝对天然

不走寻常路的酒包装

大自然中的美总是能轻易地打动人心，如参天树木、嶙峋怪石、潺潺流水，都会让人不禁感叹自然的巧夺天工。也正因如此，近一段时间以来，人们越来越珍惜自然，反倒对人工制品失去了兴趣。然而最近，一瓶来自山形县的美酒却意外地让我眼前一亮。一张《山形报》沿着瓶身蜿蜒的曲线自上而下包裹住整只酒瓶，留下一地褶皱。瓶底富余的部分则向里折起，瓶口处没有使用胶布封口，而是由一圈白色橡皮筋简单扎起。瓶身上贴着一张标签，上面写道："打破三百年酿造传统，日本本酿造酒[1]，真正的无过滤槽前原酒[2]。"原来这是一瓶只在冬季酿造的酒，且仅经过发酵，没有任何其他工序。

正如各位在便利店中看到的一样，现如今，所有的商品包装都极力追求奢华，以至于到了浮夸的地步。大过头的文字、纯色设计以及晃人眼的颜色泛滥成灾。然而在这一片风潮之中，竟然还有这

1　日本清酒的分级之一。指每1吨大米的酿造用酒精添加量在120升以内的清酒。
2　槽前酒，指仅经过发酵，不经过滤、加热后形成的酒。此类酒不宜久置，口感随着时间变差。因此宜在冬季，利用寒气酿制。

无过滤槽前原酒，报纸包装
上贴着打印出的标签。

样一件采用"节俭"设计的商品。这并不是因为造酒厂突然兴起，
想要挑起时尚的大旗；也不是因为他们追求什么环保先进企业。他
们恐怕并未多想，只是随手用了一件手边正有的材质，做了一次极
简的包装设计。这就像在古时候，用稻草一次捆上五个鸡蛋一样，
都充满着一种如出一辙的自然美。这份回味无穷的浓厚美酒，以这
样别致的 100% 无添加设计为包装，恐怕不仅会倾倒一片酒客，还
会让众多的设计师们醺然欲醉。

高丽茶碗

微波食品

　　在欧洲，微波食品的包装也是五花八门。有的可以简单地连同袋子放进微波炉，有的则是便当盒造型。然而，Prim Vapeur 却与众不同，它虽然与日本的便当盒包装有些许相似，但更容易让人联想起韩国的高丽茶碗。把汤倒进茶碗的空心底座里，在上面搁一层开了孔的隔板，再放上肉和蔬菜，以薄膜封上顶盖。最后在薄膜上开几个孔，即可放入微波炉中加热。茶碗底座里汤的热气与微波的加热效果相结合，使得一人份的食物在短短三分钟之内就能完成加工。

　　整个包装从侧面看就是一个高丽茶碗，但从上方看则呈一个椭圆形。根据所盛食物的不同，这个碗——或者说是饭盆——可以自由变换为更易使用的容器。整个碗采用纤细的哑光黑作为主体色调，造型大气优雅，根本无法让人联想起普通的一次性容器。这款包装一定是从日本的传统工艺中获得了某些启发，但也采用了欧洲素有的椭圆形设计理念。如果能应用于医疗饮食的话，那么患者们就能在有食欲的时候，吃上一份温暖的美食了。

在 Prim Vapeur 系列中，共有四种不同种类的蔬菜食品，其包装的生产商是 CASIMIR 公司。

挑战禁忌

男式护肤品

欧莱雅集团进行的调查显示，1990 年，全球约有 4% 的男性使用护肤品，2001 年为 21%，而到了 2015 年，这一比例则上升为 50%。由此可见，护肤已经不再是男性的禁忌。男士护肤品行业的先驱是日本的资生堂，而在欧洲，Biotherm Homme 及 Clarins Men 都十分著名。

法国品牌 Nickel 紧随其后，于 20 世纪 90 年代中期正式问世。10 年来，累计销售额已达 5000 万欧元。该品牌于 2005 年度推出了含猕猴桃成分的沐浴露，其包装设计尤为特别。整个瓶身使用聚乙烯材料，仿造机动车汽油瓶的造型，通过吹塑法一次成型。铝制瓶盖与泛着金属光泽的标签更让整个包装浮现出一种机械风情，活脱脱一个缩小版的汽油瓶。为配合包装，这款商品的名字也不同寻常——它叫做"自动清洁机"。

不为模仿女性，而为本真自我——此种思想在这款男士护肤品的包装中可见一斑。不过，这从一个侧面印证了男性因护肤而产生的自卑意识依然存在。这不可不说是一件充满了矛盾的包装设计啊。

商场中男士护肤品专柜并不少见，旁边常常就是
剃须用品的专柜。

无谓口感

花样饮料瓶

百利哇（Belly Washers）曾是一家售卖茶具的公司，致力于家庭茶具的开发，让每一个普通的家庭都能享受到红茶及咖啡带来的愉悦。为了开拓新市场，1990 年，该公司正式进军清凉饮料行业，不得不与行业巨头可口可乐一较高下。百利哇当机立断，认定自己在口感上并无胜算，若想打赢这场仗，就要在商品的包装上做文章。因此，他们毫不犹豫地做出了决定——不在口感上做任何改变，只对饮料瓶进行包装设计。美国漫画中的英雄形象毋庸置疑地成为了包装的主角。不仅瓶盖以此为素材来打造，连包裹着瓶身的热塑性包装膜上都画着英雄的故事。另外，还有些饮料瓶上印着一些生动

只有千锤百炼的设计，才能抓住人心。

有趣的小谜语。

2004 年 6 月，百利哇投入市场的英雄形象是蜘蛛侠（第二版，355 毫升）。瓶盖是一座铁塔的造型。从铁塔顶端垂吊下来的蜘蛛侠形象生动，顾客们甚至可以将它绕着瓶身旋转玩耍。这款商品不仅征服了美国的孩子，连喜爱卡通形象的成年人也禁不住怦然心动。总有些成年人，即使已经具备了一定的社会地位，且平日理智知性，却也压抑不住一颗童心。这一类人，在法国被统称为"BOBO"。百利哇的饮料瓶让众多的 BOBO 们一见倾心，他们认为，在百利哇的世界，饮料瓶已经摇身一变，从配角一跃成为了主角。

包装营销

OGO矿泉水

在黑胶唱片还流行的时候，许多人都曾仅仅因为一些唱片包装精美，而买回家里。这种"看脸"买唱片的潮流，风行一时。而在当下，则有一种新的风潮大行其道，那就是"看脸"买饮料。几年前，我到欧洲旅游时，曾去过一家水族店，店面里摆放着来自世界各地的小型矿泉水瓶，其数目之多令人大为惊叹。由此可见，年轻人"看脸"购物的心理正悄然抬头。

依云矿泉水首先开创了将水瓶挂在腰间的潮流。自那之后，各大矿泉水品牌都不甘示弱，竞相设计出了各具特色的矿泉水瓶包装，来自瑞士的 OGO 便是其中之一。球形的红色瓶盖之下是简洁的瓶颈，年轻人可以系上矿泉水瓶专用的吊带，在散步时方便地挂在脖子或腰上。

OGO 产品的出色并不止于此，其生产的矿泉水，氧元素的含量高出普通产品的 35 倍。因此瓶身的设计也以氧元素"O"为素材，采用了圆形设计。虽然看上去很小，但并不适合在走路时挂在胸前或腰间。然而，欧洲的年轻人却完全无视了这一点。他们一边抱怨着这款设计不方便饮用，一边带着 OGO 昂首阔步于罗马与巴黎的街头。矿泉水瓶可谓是"身价大涨"，俨然成为了一件时尚单品。

OGO 矿泉水富含丰富的氧元素，是许多精英青年
的首选时尚单品。

别样盆栽

让你爱上种花

Radis et Capucine 是一家由三代人共同创建的法国老牌植物供应商。这家公司原先仅面向专职的农业从业者，直到 15 年前，他们创立了全新品牌，正式开始研发家庭盆栽。他们的盆栽以设计和创意为卖点，所瞄准的消费群体，正是普通的都市人和热衷于整修庭院的新手们。

这家公司最先诞生的一件成功作品，就是以马口铁铁桶为原型设计而成的盆栽盒。直到最近，这种铁桶还常见于各个普通家庭。事实上，如此常见的镀锌马口铁，其实曾一度从日常使用中消失。直到 20 世纪 80 年代，五花八门的花瓶与小型收纳用具占据了欧洲的各大二手商店，它们多是一些刚从农家仓库里翻出来的旧东西，如牛奶盒、冰酒器，以及生锈了的铁皮桶，等等。如此一来，小型铁皮桶作为室内装饰登陆日本，马口铁终于重整旗鼓，卷土重来。

铁桶型盆栽盒中包含了三袋种子、一袋腐叶土[1]、几颗白色鹅卵石，还有三枚木质名牌。这些内置品倒还普通，真正特殊的是，整

---

1 落叶等积存后腐烂而成的土，用于园艺肥料。

Radis et Capucine 的花盆，从一开始就使用复古工艺。

个外包装依照着容器椭圆形的造型流线而成。金属容器的外观效果与土器或木器大不相同，在具有廉价感的同时，散发着一种独特的温暖光泽。别具一格的马口铁质地感十足，吸引了众多年轻人的关注。这种盆栽盒虽然是批量化生产，但最终成品却不尽相同，朴素的外表更是给人一种手工艺品的错觉，令人顿生好感。整个设计因其复古而获得盛誉，可能是因为我们已经厌倦了这个世界的多端变化了吧。

除此之外，该公司还有一款无土培育的迷你套装。整个盆栽只有三厘米高，由赤陶的花盆、固体人工土和种子组成。套装造型可爱，可以放置于窗边种植。然而，它的最精妙之处，还在于利用设

计培养了众多的养花爱好者。

在其包装之中，别出心裁地将花的种子放在了"花"里。花朵怒放，花心之中摆放着一颗透明的胶囊，里面安静地躺着花的种子。花当然是纸质的假花，附上一根竹签插在花盆里，背面则写着种植的注意事项。这样的花盆给人一种错觉，好像在动手栽培之前，自己就已经拥有了一整片花田。

化妆品、食品、手工套装，这些商品的包装正逐步刻画着未来。将数月后收获的喜悦提前体现在包装上，这种巧妙的设计手法不失为一种独特的营销战略。正采用着此种战略的 Radis et Capucine，今后也一定会在商品开发中，孕育出更多的奇思妙想。

第三章 　　　　　　　　　　**让人笑逐颜开的设计**

　　你能享受大人们的游戏吗？你总是想做些有意思的事吗？你喜欢恶作剧吗？遇到意想不到的事，你会心跳加速吗？

　　如果以上的问题，你的答案都是"Yes"，那么恭喜你，你已然是一个出色的笑容设计师了。

法国制造

幽默筷子

我在巴黎玛莱区买了一双漂亮的筷子。长长的狐耳之下，是一张灿烂的笑脸。塑料材质，很有可能是 ABS 塑料。成品造型简单，看上去像是金属模具打造而成，不知为何，却多了一分工艺品的风情，留有一丝历经洗练的巴黎手工痕迹。

店主声称，这双筷子无论是设计还是制作，都在法国。圆圆的鼻头与一道弧线的嘴巴，幽默十足，泛着银质光泽的黑眼更添魅力。在透明的半球状塑料里侧贴上一片银色箔片，箔片上带着一个圆圆的黑点，最后再将塑料贴在筷子上，就成了一双大眼睛。设计者与使用者都生活在"刀叉文化圈"中，在我们这些"筷子文化圈"里的人看来，这件设计充满了异域风情，却又像是一场来自"筷子文化圈"的盛情邀约。它比日本学校餐食中提供的叉匙[1]要好用得多。虽然叉匙的前端分叉，可以代替叉子使用，但它真正派上用场的地方，也只有这分叉的一小部分。因此，叉匙的出现，并没有对"筷子文化"产生丝毫威胁。

---

1 前端分叉兼有叉子功能的汤匙。

筷子上那张狐狸的笑脸也很可爱啊。然而，生活在"筷子文化圈"的我们，却往往难以想出这种创意。这双法国制造的筷子带着一种独特的幽默，它来自对日用品精益求精的追求。此筷当前，让我在惊讶于其创意的同时，也不禁想起了日本追求快乐的角色商品设计。

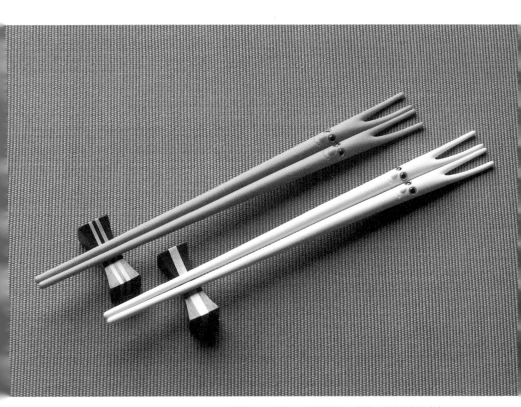

筷子长 212 毫米。除了橙色和白色外，还有蓝色和米色。

花店的店面。蜡烛的设计与店主的留言都充满了幽默。

休假设计

向幽灵街道说"不"

很多日本的工薪阶层，一要休假就满是烦恼：和谁？去哪儿？预算是多少？法国的经营者们可不一样，他们有直接关店一个月去度假的勇气。很多店主就只在店面窗口贴上一张纸，留下重新开业的日期便一走了之。然而，一家花店的店长却想出了一个新招，能在关店期间也给周围的行人带来欢乐。他在窗口摆上了许多蜡烛形态的人偶。它们色彩鲜艳，造型奇特，一个个犹如沐浴着阳光，躺在海边度假一般。互应着这些人偶，店主在窗户上留了言："我们会在8月29日，带着一身晒黑的朝气重新开业。"

　　我们无从得知，花店的店长究竟有没有在海边度过他的假期。但是，如果各个店面都拉下卷帘休假的话，整个街道就会毫无生气。如果想在关店之后依然保持街道繁华，那么不妨在橱窗陈列上多一点创意。在一些城市中，商铺大门紧关的街道冷清犹如废墟。想要改变这种局面，如果不能一步到位让店面重开，至少也可以学学这位休假中的店主，借鉴一下"阳光蜡烛人偶"式的幽默吧。

时尚禁烟

花样烟灰缸

在巴黎，餐馆、咖啡厅等店铺的门口都会竖着一个圆筒。依据各家店的不同风格，圆筒的造型也各式各样，十分有趣。如果是普通的装饰盆栽，应该会在门口两侧各立一个，这才符合欧洲的装饰传统。然而这个圆筒，每家店铺却都只摆放了一个。

其实，它的真正"身份"，是烟灰缸。它之所以随处可见，是因为自2008年1月起，法国政府正式颁布规定，要求在旅馆、咖啡厅、酒吧、餐馆等封闭空间内实行全面禁烟。对违规者的处罚十分严格，一旦违反，需处罚金68欧元。这种烟灰缸的设立，正是希望每一个吸烟者都能在室外吸完烟后再进入室内。

无论是在法国还是日本，香烟都是非常重要的税收来源。近几年来，香烟的价格已经上涨了两倍以上，达到了7欧元，但法国还是选择了全面禁烟。作为一个还未将员工定期体检划为企业义务的

所有烟灰缸的原材料都是铁。虽然都
是由模具打造而成的铸件，却几乎没
有完全相同的设计。

国家，法国的禁烟力度虽然无法与老牌禁烟国英国相比，但能实施全面禁烟这一健康政策，已经称得上是壮举。各家店主也都没有丝毫不满，纷纷投入禁烟的大潮，在自家的店门前摆上了与观光胜地相匹配的筒形雕刻烟灰缸。若想以时尚诠释法律，那么这件化身为艺术品的烟灰缸就是最好的答案。

新鲜设计

换装座椅

　　20 世纪 70 年代，源自意大利的独特设计——Cab 系列马鞍皮椅，在设计师马里奥·贝里尼的手中孕育而生。皮革表层罩在铁制框架之上，以拉链相连，就像在人的骨骼外裹上皮肤一样，其设计之高雅，令人惊艳。

　　那之后已经过去了 40 年。在巴黎的商场里，又出现了一组独特设计的座椅。虽不及 Cab 系列高端，却也独到而完整地吸取了"前辈"的幽默诙谐。这就是 DAYCOLLECTION 产品，它们的设计概念是：利用精密的印刷技术，让人们的日常生活变得更加愉悦。将那些众所周知的古典座椅分为六个平面进行拍摄，再将图案逼真地印刷在白棉布上，最后将其罩在椅子上即可。连接处并没有采用拉链，而是在椅背和椅面的交接处预先缝上一段布条，之后以打结的方式相连。而作为主体的座椅本身，则是随处可见的典型木椅。

　　这家企业自称是具有创意的实验工作室。他们将"超现实""谎言""诗歌""乡愁古典""优雅""洗练"等关键词运用于厨房、浴室、餐桌等各类场合，源源不断地输送出新鲜的法式设计。

如换装人偶一般的换装座椅。

多彩外观

橡胶底沙拉碗

天然橡胶柔软而易成型，是一种极易发现新用途的材质。

有这样一些设计，会让人不禁感叹便利生活竟如此容易。在巴黎的一家商场内，售有一种不锈钢的沙拉碗。在碗身外侧，从黑色碗底开始，到高约 5 厘米处，包裹着一层薄薄的天然橡胶。产品包装上并没有标注生产商，但产品本身的使用效果却实在出色。包裹着橡胶的沙拉碗不仅防滑，放置时也没有声响。

如此便利的产品，收获好评也是自然。半年之后，这家卖场内已经堆起了一座四色沙拉碗的小山，上面高调地印着商场的原创标志。这一次的产品，加工略显粗糙，较之上次做了许多改变。原先可用于挂在壁挂上的孔眼以及倾斜口都不见了，碗口的曲线变成了单纯的圆形，但同时也设计了与底部颜色相同的四色盖子，增添了产品在厨房中的存在感。

在各个家庭里随处可见的沙拉碗，仅仅是在底部附上了一层橡胶，便焕然一新。由此可见，有很多的商品都需要进行进一步的推敲与设计。20 世纪 70 年代，LEKUE（乐葵）运用天然橡胶及硅酮等材料，向市场输送了许多新商品，掀起了一场厨房的革命。这些商品久负盛名，而这些沙拉碗，也可看作是其质量上乘的"继承者"。

纯真童趣

吸盘式儿童牙刷

　　附有吸盘的儿童牙刷非常有意思。在牙刷底部的橡胶吸盘处略粘上一点水，之后将它们按在瓷砖墙面上，牙刷就会像人一样精神抖擞地站立起来。这样的设计让牙杯毫无用武之处，而且还具有娱乐意义。用指尖戳牙刷时，它会像不倒翁一样来回摇晃，样子憨态可掬，引人发笑。

　　即使是那些不爱刷牙的孩子，也一定会爱上这款牙刷。若想进一步开发它的娱乐功能，还可以像飞镖一样，将它向着瓷砖墙面投出去，运气好的话，就能粘在墙壁上。这款设计灵活运用了橡胶的柔软性。虽说以往也有过带一个吸盘的牙刷，然而这次，两个吸盘犹如双脚一般附在牙刷底部，可说是又添了一员"虎将"啊。

　　在这款商品的官方网站（Signaline.fr）上，登载着鼓励刷牙的教育动画视频，其制作也十分精良。由一只老鼠扮演的牙医绘声绘色地展示着牙刷的使用方法。该公司不仅牙刷设计得出人意表，网站设计中也有许多独到之处，让人产生一种恍然大悟之感：原来还有这样的设计手法，可以让孩子们感受到刷牙的快乐。2010 年，发售这款牙刷的企业是联合利华旗下的 Signal World。

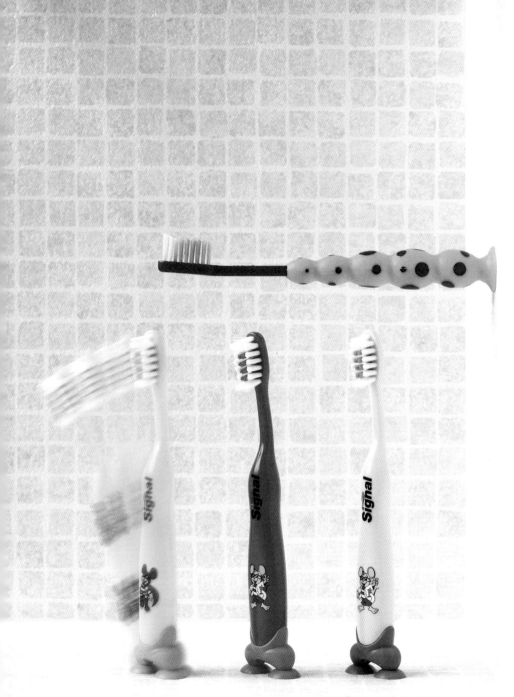

不只形象有趣，用色也十分生动。

独特设计

大人们开的小玩笑

　　孩子们是游戏的天才。即便没有玩具，简单地撕破一张纸也能让他们开怀大笑，一个把自己埋进被子里的小动作也能使他们快活地重复许多次。

　　大人们偶尔也会来点恶作剧。虽然这种小玩笑总是简单地就能使人快乐，但在巴黎街头，却上演了这样一出独特的戏码，令人怀疑是某个设计师的匠心之作。在地铁的排气网罩上，一个卡通人正惟妙惟肖地跳着舞，逗得四周的孩子们哈哈大笑。一问之下，才知道这个卡通人物叫做"海绵宝宝"。它于 1996 年诞生于美国，是一部漫画的主人公，而由漫画改编的动画电影也在法国上映，十年来一直极具人气。

　　它的制作方法非常简单。选一个竖直条纹的购物袋，在上面画上海绵宝宝的眼睛和嘴巴，将提手从中间剪开变成四条，再一一绑在排气口上。当风鼓起的时候，我们就会看到一个四脚着地的小人跟着节奏翩翩起舞。这个设计利用了地铁排气口的特殊环境，其灵感据说是来源于电影《七年之痒》中，玛丽莲·梦露裙裾扬起的一瞬。虽说这是一个大人们开的小玩笑，但其中，却蕴含着满满的童心。

巴黎百货商店 BHV 的门前

57

男式潮流

米开朗琪罗再发现

　　米开朗琪罗一定不会想到，四百多年后，自己的雕塑，而且是最得意之作，竟然会以这种方式重现——它的一部分被印在了纪念品内裤上。这种内裤与那些观光地的纪念 T 恤衫一样，诞生于同一种灵感，但其设计更以幽默见长，目标群体也更倾向于疗养地的人群。

　　立于台座之上的大卫像高达 5.5 米，即使曾有幸目睹过真品，也无法在雕像的同一高度与大卫正面对视——能做到这点的，恐怕只有米开朗琪罗本人和摄影师了。正因如此，能真正领会此作品之妙处的人少之又少。将与原版的希腊雕塑明显不同的大卫像，通过矫饰主义的手法做出如此精妙的设计，实属难得。

　　这家纪念品商店重新挖掘了文艺复兴时期的雕塑，创造性地将其印在了内裤上。但它的创意还不止于此。明明可以使用波提切利笔下的维纳斯作为模特，却偏偏反其道而行，在围裙上印了一位身着蕾丝内衣的现代女性形象。内裤与围裙之间，有着近 500 年的历史跨度，但都意外地新鲜时尚，引人瞩目。这源自意大利的独特灵感，正一派悠闲地摇曳在威尼斯海岸的帐篷之下，让人忍不住要为其叫一声好。

说到底都是艺术，因此这些独具一格的纪念品被非常高调地挂在街面上。

旧物新用

蔬菜纸张

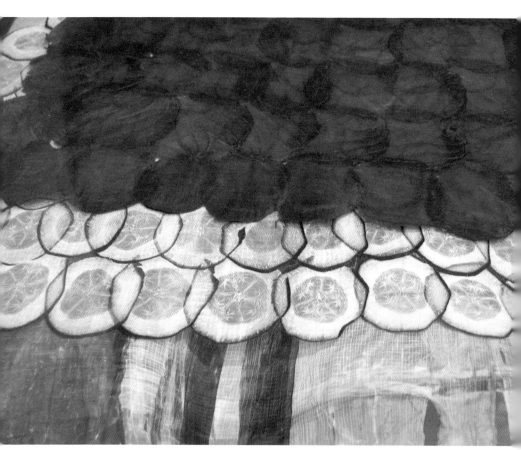

这位德国的制纸家最近发表了自己 A4 纸大小的作品。

60

和纸的用途极其广泛，除了制作拉门这种传统用途之外，它还可以用作装饰品，最近更是被用于铺设墙壁与天井，可说是正式作为新建材加入了室内装饰的大本营。一千年来，纸张经历了各类环境的考验，终于进化成为一种可塑性极高的材质，重新回到大众视野。这可能被认为是一种日本独有的现象，但事实上，现如今的亚洲其他国家和欧洲都对手抄纸[1]进行了多种多样的新开发。

　　在十几年前，巴黎就有了一家纸制品专卖店。它的橱窗里，总是会依据季节的改变摆放出不同的商品，十分有趣。将萝卜、柠檬、黄瓜等切成极薄的圆片，以此为基础手抄出蔬果图案的纸片，再将其做成杯盘等用具；用各种不同的抄纸方法做出大量纸张，再将它们层层重叠起来，形成一张精美的大型挂毯；在纸张上完整地抄入土星图案……这种种的抄纸作品可谓是花样百出，令人眼花缭乱。

　　这样的纸制品不仅少见，更难得的是具有一种生机勃勃的表现力。这种表现力因挑战传统而生。与之相比，和纸则显得有些力不从心，明明是任何人都能够轻易加工的普通材质，为什么和纸的设计还依然停留在"和风"的层面上呢？某一天，我发现了蔬果造型的纸张，听说是一位德国制纸家的作品。店主解释说，这件作品中并不含有纸纤维，这简直令人大吃一惊。

1　将纸浆制作成纸张的工艺过程叫做抄纸。手抄纸则是通过手工抄纸过程而诞生的纸。

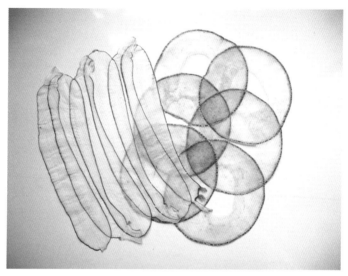

第四章　　　　　　　　　　　　　　　　　　　　　　　**公共设计与幽默感**

　　"草地正在休息"——一派绿色的背景之下，这块面向成人的标识高调竖立，而市民们也毫无抗拒地接受了这样的要求。给果汁瓶戴上一项手织帽，这一点小小的改变便募集到了可供捐献的冬日物资。不谈强制，只言幽默，这样的公共设计精明而又愉悦地引导着人们的行为。

艾滋预防

名胜地的宣传活动

艾滋病的出现曾经一度震惊世界。现如今，它的死亡率正在逐步得到控制，但全世界依然存在着超过 5000 万人次的发病期及潜伏期患者。众所周知，安全套的使用是一种非常有效的预防手段，但它的普及却困难重重。法国通过海报、杂志、电视宣传等方式不懈地推广着相关的预防活动，并于 2003 年推出了一套"名胜"系列海报及明信片，呼吁市民预防艾滋。但这一系列的作品，却再也无法与过去的宣传图片比肩了。

艾滋病信息中心称，在刚刚出现艾滋病的年代，有许多患病的设计师们亲身上阵，全力支援宣传活动，因此诞生了大量的优秀海报。然而现今，那其中的许多人已经离世，还有一些患者在治疗之下病情好转，已经退出了宣传活动，这实在叫人"喜憾"参半。

话虽如此，这些令人忍俊不禁的宣传海报也的确手段高明。将冷峻的现实幽默地展现在世人面前，这就要求设计师拥有极其细腻的感性思维。巴黎名胜"蒙马特尔"四字搭配上红磨坊的风车叶片，这张海报让路过的人们忍不住露出了会心的微笑。

蒙马特尔的红磨坊歌舞厅十分著名。

禁止进入

微笑的恶搞标识

变标识为艺术的这位创意人士，是个美国人。

现如今，心情与健康的关系受到了前所未有的关注。一些医生甚至在自己的论文里发表如下言论："笑容不仅能提升人的免疫力，还有助于预防代谢综合征。""相声小品热"的出现，恐怕也与健康潮流有一定关系。如此说来，那些能够唤起人们笑容，或者说是令人忍俊不禁的设计逐渐增多，其实也是一种大势所趋吧。

虽然其初衷并不为此，但我的确发现了一处微笑着的交通标识。在巴黎大学的理科校舍附近，竖着一块"禁止车辆进入"的指示牌。指示牌上一板一眼地画着规整的图案，令人在一瞬间产生了某种疑惑，这莫不是什么新出现的标识吧？然而定睛一看，呵，这不就是在原本的一横之上加上了两个圆圈吗！虽然这个恶作剧令人哭笑不得，但确实地传达了禁止的意味。它之所以如此引人注目，一定有一部分原因是以往的传统标识已经在人们的脑海里根深蒂固，但也绝不应该仅因此就否定它的创意。换个角度想想，有一个这样笑着拦住你的标识，不是也挺有意思的吗？

但这个设计最有意义之处还在于，有这样的一些人，他们热衷于这种小玩笑，甚至愿意爬着梯子上去，只为在一横之上，留下两个规整而美丽的圆圈。

巴黎孚日广场上竖立的"草地正在休息"告示牌。

禁止标识

草地正在休息

在英国，你可以做一切禁止以外的事；在俄罗斯，即使是明令的可为之事，也有可能会被禁止；在德国，所有规定以外的事都不可为；而在法国，即使是明令禁止的事，往往也会被大开绿灯。比较极端的例子，就是法国的"禁止停车"标识，如果原封不动地将其照搬"上岗"，必然会引起法国民众的强烈抗议。在法国，即使没有车库证明也可以买车，因此马路便与车库等同一物。这种玩笑一般的事，在法国却是实实在在的现实景象。

正因为国情如此，设立在法国的禁止标识都充满了一种惊人的美感。秋冬交接之际，巴黎的公园里竖起了一块"草地正在休息"的告示牌。没有任何强人所难或是盛气凌人的意味，取而代之的是一种委婉的劝诱：如若可能，还请您不要坐在草地上。告示牌上的文字采用了一种闲适的字体，背景则是一片鲜花绽放的草坪。这样的设计，让原本就神韵十足的文字表现变得更加温柔谦和，可以说是完成度相当高的一块告示牌。

传统的禁止标识，多数是为了让人们在远处也能对其含义一目了然。但一些公共服务性质的标识，却并不需要太多的强制意义。它们所需要的，是令人心情愉悦的力量。

以大取胜

紧急事态下的放心标识

　　空客 A380 即将登陆法国戴高乐机场。这架双层结构的巨型客机有近 800 个座位，为此，整个机场的设施也进行了相应的更新。目前最大的航站楼已成为波音 747-400 飞机（超大型喷气式飞机）的专用航站楼，再也无法容纳一倍以上的新增旅客，因此，一座新的航站楼应运而生。它的内部告示牌设计十分有趣，可以用"意向明确"四个字来形容。

　　空客 A380 是迄今为止世界上最大的客机。可能是受其影响，整个航站楼内的指示标识——无论是文字还是图案，都巨大无比。咨询台的字母"i"高达一米；洗手间标识中的男女图案直接而完整地印在了墙面上，虽然传统，却有两米之高，指示其方向的橙色更是从走廊一路延伸到了洗手间门口。这样的设计，毋庸置疑地提高了洗手间的辨识度，但更重要的一点是，人们在发生紧急事件时，能够一眼就明确洗手间的位置。毕竟，航站楼里聚集了各种各样的人，为了让他们都能在远处就分辨出不同的标识，简单直接地运用"大"的设计概念，也是一种十分行之有效的设计方法。

男女标识都仅由橙色与白线构成，这样的设计也十分新颖独特。

为您服务

印象派洗手间

不仅仅是机场，巴黎的各处洗手间都充满着一种设计美。

总人口为 6300 万的法国，于 2009 年迎来了 8000 万人次的游客。然而这一数字，在次年八月末就已被打破，法国旅游局也因此高调宣布了自己的胜利。旅游业一派欣欣向荣，国家也一直大力扶植。为了让旅客们更好地享受旅行，法国将迎接旅客的第一站——机场的洗手间进行了一番令人耳目一新的独特设计。

　　今年，在女洗手间的入口处，根据法国印象派画家德加的著名油画《舞蹈课》中的舞女形象，绘制了一幅与真人同等大小的女性画像。而在男洗手间门口，则绘制了一位在 19 世纪末的巴黎路灯下，举着伞的男子形象。这两幅画作，能够让刚下飞机的旅客一瞬间涌起一股旅行情怀。印象派画作在世界上享有盛名，以此作为宣传手段，其效果实在卓然。

　　法国的新兴概念团体"创意公厕"（point wc）提出，洗手间应该让旅客身心愉悦。在此标准之下，法国的五处观光点建起了极具创意的收费公厕。其中不仅有装潢考究的单间，还有独具特色的日式喷水清理型马桶，同时也贩卖各式各样的清洁用品。它们简直就是设计型公厕的范本。正是这样独具匠心的设计，才使得洗手间能够更好地服务于旅客。

暖心冬季

毛线织起的募捐大潮

芒果、番木瓜、鸡蛋果……在品种不一的果汁瓶上，都戴着一顶圆滚滚的毛线帽。这样的设计当然不是为了预防感冒。10年前，三个从事自由职业的年轻人创立了一家名为"innocent"的果汁店。无论是商标还是口感，这家店都可称得上是独一无二，但最吸引顾客的，还是它为了食品安全及公益事业做出的努力。

2010年1月，innocent为自家出产的果汁瓶戴上了一顶小帽，并在帽子上附上了如下留言："感谢您的购买，我们会从每瓶果汁的出售额中抽出20美分，捐献给那些需要帮助的孤寡老人。"这条留言在当时引起了巨大轰动，仅仅数日，欧洲的各大便利店就售出了近10万瓶果汁。不过，这项活动能够成功，也要归功于数百名大力支持该活动的女士们，她们花了一整年时间编织毛线帽，终于使得每一个果汁瓶都能够"温暖过冬"。

在innocent与各家商店的共同努力下，"毛线帽"活动反响强烈。这项活动始于伦敦，现在即将进入它的第七个年头。它不需要任何文字，仅仅通过一个简单的包装设计，就能让人感受到暖意融融。这一定是因为，果汁瓶上的这一顶小小的帽子，温暖了城市里许许多多寂寞的心。

果汁瓶戴着毛线小帽，放在冰箱里的样子憨态可掬，趣味十足。

幽默至上

多彩支柱

在巴黎，总有一些人，时时刻刻都酝酿着一些令路人们大跌眼镜的小创意。现在随处可见的"多彩棒"正是其中之一。它最早出现在玛莱地区的一所高中门前。在法语里，这种"多彩棒"被称为小型支柱，通常都是深褐色的。这种色调的形成由来已久，可以追溯到19世纪的巴黎改造时期。当时，为了协调建筑物与自然景观，巴黎将所有的长椅、电线杆等都统一成了绿色、褐色与灰色。

原本一直保持着深褐色基调的小型支柱，却在某天突然变了样。当中的几根被按照顺序涂成了绿色、蓝色和黄色，没过几天，又新添了红、金、银等多种颜色。两年后，学校门前的数百根支柱已经全部"改造"完毕，形成了一条五彩纷呈的景观小路。这多半是学校里某个高中生的小恶作剧，却意外地没有受到任何指责，反而在当地居民中收获了阵阵好评。直到最近，这一带已经完全成为玛莱地区的新景点，许多游客都特意来到这里拍照留念。连巴黎的鞋店都受到了影响，把店面门口的小型支柱改造成了一个个穿着鞋子的卡通男女。

很显然，巴黎市民并不满足于已有的公共设计，而是采用了一

城市属于每一个居民。巴黎的气魄，正在于敢于把城市完全地交给市民。

种极其"狡猾"的方式完成了自己的改造。他们在破坏原有色调的同时,又保留了支柱的既有形态,并最终为其添上了独属于自己的色彩。

　　小型支柱的重塑工程最早开始于 2007 年,由一位名叫 Le Cyklop 的运动家发起。他在巴黎北部的一系列小型支柱上都画上了一只色彩绚丽的大眼睛,并配合着设计了一句口号,叫做"独眼妖精正看着你哦"。由此开始,有小型支柱的地方就成为了独特的艺术基地。有一支名为"支柱小分队"的两人组合,以巴黎第四区的鞋店门前为据点,不断发起着新的挑战。亮眼的阳光下,他们快乐

地"工作"着，对四周那些支持的目光回以一个灿烂的笑容。在日本，节日期间的特殊装饰总能让街道一下子变得热闹纷呈，与之同理，巴黎街头的支柱装饰也总会给路人们带来欢笑。改造计划中的巴黎总是保持着清冷的米色色调，不过，也正因为这份清冷，亮丽的巴黎才更令人会心展颜。

第五章　　　　　　　　　　　　　　　**用孩子的眼睛去看**

　　换一个角度就会发现不一样的世界。看似面向儿童的设计，其实是为了满足大人们的童心。孩子欢笑奔跑的身影，不知何时已与曾经的自己渐渐重合。将成人世界中的镜头轻轻拨回过去，延伸着的终点最终与孩童汇合。这样的设计，让怀旧也成为了甜蜜的营养。

芭比医生

儿童就医心理建设

儿童医生芭比

在法国的勃艮第地区住着一对夫妇，他们3岁的儿子即将接受手术。心系孩子的母亲一同入院进行陪护，却在手术的前一天受到了不小的惊吓：一位保育员拿着个芭比娃娃走进了病房。芭比身穿一件白大褂，像个真正的医生一样手持各类玩具道具，亲切地解释第二天手术的过程——从早上起床到进入手术室，从手术进行时的样子到麻醉过后的清醒过程，整个介绍可以说是面面俱到，无一遗漏。当时，即将进行手术的孩子对母亲这样说道："我仿佛已经跟随着故事完成手术了。"

　　体育界常用的表象训练法[1]可以说是卓有成效的，而芭比医生所做的这场表象训练也同样有缓解紧张的效果。因为芭比娃娃的存在本身就会让孩子们感到放松。在医院里，有一类被称为保育员的职工，专门负责通过保育措施，保障住院儿童的生长发育。直到2002年4月，日本才最终承认保育员的工作收入，保育员们终于获得了较为宽松的工作环境。娃娃这一类的玩具，不仅仅具有娱乐意义，更能够进一步成为辅助儿科治疗的工具。现如今，业界应以一种全新的眼光看待医疗与玩具之间相辅相成的关系。

1　又称念动法，指运动员在头脑中对过去完成的正确技术动作的回忆与再现、唤起临场感觉的训练方法。

安心乐园

转椅游戏

    在巴黎，每步行 10 分钟，就会遇见一处可供孩子们玩耍的小型公园。公园里的游乐设施丰富多样，因此每当午后，总是会响起一片孩子们的欢声笑语。出于安全考虑，公园会定时对设施进行维护，内部的设计也都十分谨慎小心。比如公园的大门，只能由成人从里侧开起，杜绝了孩子一个人跑进公园的可能；公园的地面也进行了特殊处理，虽然触感和普通的沙地十分相似，但其实是由泡沫塑料构成，这种材质具有一定的缓冲效果，使得地面舒适柔软，孩子们即使跌下跷跷板或秋千，也不会受伤。

    最近，公园里的"旋转座椅"玩具受到了孩子们的热烈追捧。3 岁的孩子可以自行旋转之后再跃入其中，而更小的孩子则需要父母的帮忙。"旋转座椅"巧妙地运用了塑料材质，内部的种种周到设计展现了设计师的独特考虑。与身体接触的部分采用了一段圆滑的曲线，以确保孩子们玩耍时能绝对安全。整个玩具的造型与碗非常相似，而这个碗身的深度、支柱的高度、倾斜的平衡以及明亮的色调等，都尽在设计师的考虑中。图片里曲线复杂的滑梯也是一样，充满了设计师的良苦用心。

巴黎为孩子提供的游乐设施总是设计精良，安全有趣，因此深受孩子们的喜爱。这自然是因为巴黎市政府关注儿童成长，但同时，他们对于那些照顾着孩子的父母也一样考虑周到。除了玩具，公园中还设立了多个长椅，使得每一位父母都能轻松地守护在孩子身边。

公园内的游乐设施都标注了适用年龄，家长需要确保自己的孩子在适龄范围之内。

Playmobil 系列玩具，魅力足以跨越时代。

亲子展览

同一视角下的玩具世界

Hello Kitty 与 Playmobil 系列玩具在全世界的孩子中都享有超高人气。它们共同诞生于 1974 年，其中，Hello Kitty 没有嘴巴，而 Playmobil 玩具则没有鼻子。不过，它们都有着一双宝石一般深邃的黑色眼睛，脸上的表情也如出一辙。设计师 Hans Beck 曾解释说，Playmobil 系列之所以没有鼻子，是因为孩子们笔下的人脸上也只有眼睛和嘴巴。它们诞生的那一年，正值全球性的石油危机，许多原先生产大型玩具的厂商纷纷转型，转而设计起了大小仅 75 毫米的小型玩具。这不仅减少了塑料材料的使用，更收获了一批稚龄阶段的新"粉丝"。

　　时间已经过去了 35 年，在 Playmobil 的展示会上，许许多多的大人们带着他们的孩子，共同来到会场观展。众所周知，成人的视线通常会高于儿童，这次展会针对这一点做出了相应的应对：展示容器的四周，围上了一圈金属铁板。上前观展的大人们通常会将手抵在玻璃窗前，而这一圈金属板不仅能对成人手掌的力量起到一定的缓冲作用，更能成为孩子们的"踏脚板"。如此一来，大人与孩子的视线就能处于同一高度，共同享受观展的过程。一块小小的铁板，在孩子的眼中，映出了一片完整的玩具世界。

趣味科技

无需眼镜的3D展

现如今，针对儿童的艺术体验来举办展览，已经成为众多美术馆的惯例，但展览的形式仍然略显单调。不久前，在巴黎的蓬皮杜艺术中心，举办了一场名为"绝对真实"的3D展。围绕着艺术体验这一核心，蓬皮杜艺术中心一直坚持做出各项创新。这一次的新尝试，更是为人们带来了一场前所未有的3D体验。

玻璃球组成的童话世界（Jean-Michel Othoniel 设计）美轮美奂，将它的一部分绘制在平面上，再利用电脑显示器，可以在一瞬间令其重回立体。最重要的是，这整个过程都完全不需要3D眼镜。

红色的图形、黑色的影子，将这两则图案投影在电脑的摄像头上，一旦角度吻合，就会从屏幕中跳出一颗红色的爱心。虽然旁边摆放着实物道具，但还是有很多孩子，手里拿着平板电脑，兴趣盎然地在显示器一侧排队，等着亲自动手感受3D。

一心一意寻找着合适角度的孩子们，眼里闪烁着明亮的光彩。手腕稍稍一动，屏幕前便出现了意想不到的惊喜效果。以上的一系列体验告诉人们，只有这样生动的设计，才能真正打动孩子们的心。

在此之前，虽然也有各种各样的体验
活动，但 IT 技术的使用却是在最近才
刚刚兴起。

与子同乐

不一样的时尚展

    数十年前,我曾在巴黎的奥赛美术馆中,见到过一对推着婴儿车散步的年轻夫妇。这让我不禁感叹,法国真不愧是文化之都。数十年过去,巴黎的美术馆中出现了越来越多专为儿童设计的独特活动。比如说,巴黎时尚博物馆加列拉宫就于 2004 年春季举办了一场别开生面的限时特别展。这个展览通过收藏品展示的方式,简单介绍了 18 世纪至 20 世纪以来法国的社会变迁。

    与众不同的是,这个展览利用展台之间的空隙,制造了一个供 4 岁至 7 岁儿童玩耍的展示空间。这个空间凹陷于墙壁之中,深约一米,里面挂出了许多与成人展览并无直接关系的时尚小谜语,比

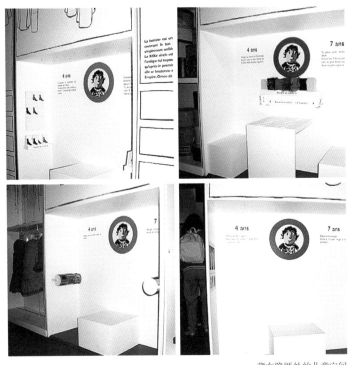

藏在隐匿处的儿童空间

如说："哪顶帽子和这双鞋流行于同一时代？""时尚可不仅仅由颜色和造型组成哦，触感也是很重要的。不信？那就来摸摸它们吧！"孩子们两两坐在其中，回答这些问题。整个儿童空间与展览的路线略有一些距离，因此既不会打扰到成人们观展，又可以让孩子们在这个隐匿空间里玩一场"时尚游戏"。玩耍对于孩子们来说是最简单的了，他们几乎和大人们一样，迅速地吸收了这些知识。

当然，像幼儿园那样，把孩子们聚集在一起做与艺术相关的小游戏，这种做法也不错。但是，这个儿童空间最具创意之处，就是让孩子和父母们一起，共享同一个艺术主题。

精致玩具

两代人的心爱之物

　　那时候，一位青年只有 25 岁。1989 年，大学的最后一年，他揣着口袋里最后的 50 生丁[1]开始创业，成立了一家具有原创性质的儿童玩具公司。最初，他创立了 Bawi 品牌，以手工毛绒玩具为主打，并提供上门送货服务。1999 年，他收购了 au Bonheur de vrive 公司，并创立了 Baghera 这个专业生产儿童玩具车的新品牌。这个品牌以历年出场的赛车为原型，加入了金属脚踏板，形成了鲜明而又独特的设计风格。

　　Baghera 产品最大的特点，就是模仿实物，但又不完全相同。它在二者之间维持了一种微妙的平衡。这样的设计既唤起了大人们的怀旧情绪，又培养了众多的儿童"粉丝"。因为在模仿实物成为模型的基础上，它又能满足孩子们像大人那样骑车飞驰的愿望。

　　在巴黎市内的一些公园里，有时还会举行激动人心的五辆 Baghera 竞技大赛。由此可见，Baghera 的产品同时适用于单人与多人，而售价则在 2 万日元左右。那位创业的青年正是 Nouveau，由他担任董事长并带领的 Petit Bonheur 集团，总部设在法国。

1　百分之一法郎。

94　　　　　　　　广告上写道："即使是 1 岁的孩子也可以驾驶雪铁龙 DS。"

安全工艺

可以咬的长颈鹿

图上这只长颈鹿的名字叫做苏菲，前不久，它刚刚度过自己的50岁生日。在法国，20 世纪 60 年代之后出生的人们几乎都玩过这件玩具——不仅是抓在手里把玩，更是放进嘴里吮吸过。

Vulli 公司设计生产的这款玩具，以马来西亚的天然橡胶为原材料，共经过 14 道手工工序制作完成。这种坚持使用手工的传统，50 年来都并未改变。和世界上大多数国家一样，法国的玩具生产商也面临着来自中国工厂的严峻挑战，但与苏菲一起长大的母亲们，还是坚定地选择了这件产自法国的老牌玩具。Vulli 公司一直坚持使用独属于法国的制造工艺，自创业以来，已经创下了 5 亿件销量的超高纪录。

苏菲畅销的秘诀，正在于其可以刺激孩子五感的独特设计。整个玩具内部中空，并且 100% 使用天然橡胶，无论是触感还是味道，都和婴儿口中的奶嘴相同，对于刚开始长牙的儿童而言，尤其温和。它的耳、角、腿等部位都是理想的磨牙部件，鹿身上五彩斑斓的花

最先推出的两款
商品都大获成功，
尺寸分别为 46 厘
米和 18 厘米。但
之后推出的尺寸
为 22 厘米、31 厘
米的两款商品则
陷入了滞销状态。

纹，更是吸引孩子们的眼球。用手轻轻一握，玩具就会发出"啾啾"
的声响，高 18 厘米的尺寸设计也可谓是大小适宜，恰到好处。

　　50 年来，苏菲的设计始终如一。2010 年，法国共有 83.2 万名
新生儿，其中的 81.6 万人曾玩过这件玩具。设计精巧的长颈鹿苏菲，
正徜徉在全法国人温柔的爱里。

青空冰场

公共设计中的游乐园

巴黎公共建筑前的广场，彻底地履行了政治及市民服务两种职能，是极具人气的场所。

女子花样滑冰项目的运动员在国际赛场上大放异彩。尽管如此，据消息称，日本的滑冰场数量还是在逐年减少。与这种情况截然相反，在法国的一些城市中，每到 12 月，市内的广场就会摇身一变，成为开放时间长达两个月的滑冰场。

以巴黎市政厅大楼前的广场为例，在夏天，它是货真价实的沙滩排球场；到了冬天，则成为人们溜冰的好去处。除了总面积 1000 平方米的大型滑冰场外，还有为初学者提供的单独滑冰场，以及雪橇专用的场地。如果市民自带冰鞋，则可以免费入场；现场租冰鞋的话，每双的价格为 5 欧元。进入场地的唯一要求就是佩戴手套，因此，整个滑冰场无论早晚都是人声鼎沸，热闹非凡。

与纽约洛克菲勒大厦前的滑冰场略有不同，聚集在这里的人们几乎全都是滑冰项目的业余爱好者。在初学者专用的单独滑冰场内，鲜红的木质雪橇与绿色的雪上座椅交映成辉，坐在上面的孩子们与残障人士一齐开怀大笑，场面欢乐非常。

在雪橇场地里，多架雪橇同时滑下，带来一阵欢声笑语。为了让每个人都能安全落地，滑梯的间隔、滑梯的倾斜程度与整体距离都经过了周密计算，整个设计可谓是面面俱到。巴黎市的文化政策，就是让广场能够实实在在地服务于市民。我在对此深感钦佩的同时，也不由自主地联想到日本的现状。一想到日本永远也不会做出这样的城市规划，就不由得叹息不已。

第六章

都市中的环保服务

　　电线、电线杆、下水道、垃圾箱，这些公共设计的最高境界，就是趋于无形，见如不见。

　　而另一些事物，我们期待它示人以美，却又自然地融于环境，"景""物"合一，比如公交车站、街心公园。

　　一座都市，必然需要这两种美。公共设计中的有形与无形，抑或是似有形还无形，便已是对城市最贴切的着色。

巴黎的路灯杆设计以古典风格为主，具有现代风情却又与景色和谐的元素可谓少之又少。

以假乱真

树形路灯杆

巴黎是世界上接待游客最多的城市之一。在这座城市里，万里晴空一览无余，绝不会出现蜘蛛脚一般张牙舞爪的杂乱电线。就连街边的路灯都沿用了煤油灯时代的复古设计，还原了这座古都特有的浪漫气息。车道的路面两旁，竖立着一根"尽职尽责"的路灯杆。灯杆造型独特，看上去与街边的树木十分相似。它的表面经过特殊处理，如若没有顶端的路灯，绝对会让人误认为是真正的树皮。巴黎街头事物的"无形"设计，由此可见一斑。

　　灯杆高约5米，表面均匀地分布着20—30毫米宽的竖直凹陷。贴近地面部分的底座呈正方形，底座向上的部分做了圆滑的曲线处理，微微凸起的两面犹如树木隆起的疖子一般，逼真而自然。蜿蜒的树木躯干一路向上延伸，高处渐细，最终与顶端的路灯相汇合。

　　灯杆杆身呈深灰色，与路面的公共设施颜色一致，而特殊的哑光色泽则使得它愈加真实，和周遭的悬铃木并排站立时，几乎到了以假乱真的地步。整个设计大胆前卫，以简单的线、面组合诠释了树木的复杂特征，使得巨大的街头事物与环境融为一体。法国的家电用品虽然略逊一筹，但在公共设计上的种种创意，却不得不说是大放异彩。

"达标"设计

低调垃圾箱

巴黎的铁皮垃圾箱曾有一段悲惨的过往。在 1995 年的地铁爆炸案中，垃圾箱爆裂的铁片四处飞散，造成了 8 人死亡，200 人受伤。在那之后，巴黎将所有的垃圾箱都改造成了柔软的塑料材质。绿色的垃圾箱里套着半透明的绿色垃圾袋，这一差评连连的垃圾桶造型，在巴黎已经存在了近 20 年。直到最近，巴黎的垃圾箱才终于换上新装。

巴黎市内共安放了 3.5 万个垃圾箱，其中有 5000 个在 2014 年春天首先亮相。在此之前，巴黎市对于垃圾箱的设计提出了如下要求：1. 必须适合于巴黎的整体氛围，并且具有创新意义。2. 使用可发现易燃易爆物品的透明垃圾袋。3. 搭配有熄灭烟头的设施。4. 可在 13 秒内完成垃圾袋的替换。5. 整体材质必须坚固且可循环使用。

巴黎的公共设施多为绿色、褐色和灰色。

　　最后问世的垃圾箱，设计得可谓是精巧十足。独特的双层构造使得垃圾袋不会溢出垃圾箱边沿，靠人行道的一侧拆除了一截铁格，更便于垃圾袋的更换。垃圾袋的固定处没有使用金属别扣，而是由一圈松紧带简单扎起。熄灭烟头的位置设计成了帽檐形状，且设立在非行人一侧，不会对投扔垃圾的行人造成困扰。

　　整个设计使用了富有光泽的银灰色为主色调，同时赋予了垃圾箱优雅的纵格曲线，使其与周遭环境完美地融于一体。设计师Wilmotte 给自己的这项作品起了一个爱称，叫做"小可爱"。人们普遍认为，垃圾处理方面的设计应该以"不显眼"为基本准则，但设计师却用"小可爱"三个字，向这种理念提出了自己的质疑。

悲壮背影

巴黎公共电话

　　手机的普及令公共电话陷入了几乎完全消失的境地，这种情况在世界上多数国家都存在着。但是，法国还没有放弃。为了迎合未来的先进技术，法国的一家国营通信企业启用了多媒体电话，开启了电话升级的崭新进程。

　　这款多媒体电话支持网络通话（10分钟内免费）、邮件功能（八家指定的网络供应商下使用，10分钟内免费），还免费提供公共机构及各家商店的引导服务，并可以使用电话卡拨打付费电话。除了一般电话都有的听筒之外，它还配备了一块17英寸的触摸屏，可说是设计极为完善的一款多媒体电话。这款机器于2010年在巴黎问世，一年后，又在马赛推出了更新后的版本，设备上的文字和按键都变得更大，并且还设有英文提示。

　　这款公共多媒体电话本身的功能和界面设置都没有进行特殊创新，但其背景板的设计却十分恢宏大气。它立在那儿，仿佛在告诉所有人：这儿有公共多媒体电话。这个电话亭的设计，出自专业公

公共多媒体电话仅
安装在住宅区、学
生街和观光场所。
从 1997 年 到 2009
年，法国 60% 的公
共电话已经停用了。

共服务设施运营商——德高集团[1]之手，因此背景板的另一侧，还是
按照惯例刊登了一些广告。这款独特而全新的大型多媒体电话，可
以说是公共电话中依旧奋战的一道悲壮背影，但同时，它也是电话
超越自身界限而做出的最先尝试。

1　德高集团同时也是全球排名第一的国际性户外媒体公司，是欧洲领先的广告大牌
媒体。

巨型花盆

烟头灭火器

　　围绕着香烟的宣传活动往往会孕育出一些别出心裁的设计。不管是吸烟党还是禁烟党，都会将烟灰缸运用在宣传之中。因为推销香烟的广告不能发行，美国的一家香烟制造商将自己的商品名大大地印在了商店的不锈钢烟灰缸上。而推行禁烟的巴黎市，则将烟灰缸放在了公园的角落里。

　　在巴黎的著名景点孚日广场上，共摆放了四个花盆形状的"烟灰缸"。陶器风格的花盆实际由塑料制成，容积巨大，甚至能藏得下一个孩子。花盆中并没有种植物，而是在中心提示板的顶端印上了禁烟符号，符号的下方写着："请熄灭您手中的烟头。"花盆中填了约八分满的白沙，零零星星的烟头依稀可见。

　　整个公园依照几何学原理修建，树木郁郁葱葱，巨大的花盆型烟灰缸也顺理成章地融入怡人的景致里。这个烟灰缸能让未熄灭烟头造成的烟雾迅速消失，即使是下雨，雨水也只会被地面自然吸收，而让烟头浮上白沙。当然，它的维修保养并不轻松。正因为这个体型巨大的烟灰缸滑稽有趣，才能让那些吸烟者心甘情愿地交出他们手中的烟头。

花盆多放在巴黎的街道处或门前，高度超过一米，以赤陶风格和镀锡风格为主。制作时尽可能使用天然胚料。

设计传承

巴黎沙滩上的舒适创意

充气袋还有供幼儿使用的迷你版本。

为了让无法度假的巴黎市民们也能享受休假的乐趣，2014 年，第十三届巴黎沙滩节如约开幕。在这座盛大的游乐场里，包含了音乐会、舞蹈活动、冒险活动、阅读活动等，举办仅一个月就吸引了 300 多万游客的到来。同时，这一届沙滩节的口号也一如既往，依然是："可持续至上。"

　　河岸上的沙、搭建物、餐具以及家具，全部都可循环使用。2010 年，"可持续大军"中又出现了一张新面孔——一件绿色的充气塑料袋。人们可以躺在上面，伴随着塞纳河两岸的景观，来一场舒适的午睡。内入聚酯球的 PVC 塑料床设计，最早出现在 1968 年，是意大利设计的杰出代表 SACCO 品牌的产品。当时的产品充满了嬉皮士风格的东方风情，并且样式更接近于床，从而孕育出了一种全新的生活方式。这种风情与方式，都在欧洲产生了深远影响。40 年后，SACCO 设计的传承物出现在了塞纳河两岸。这样的充气袋，在每棵树上可以系上两只，比传统的躺椅更受欢迎。虽然在日本人看来，这只是将他们熟悉的蒲团与坐垫改造成了欧式风格，但这种充气袋不受人数限制，可以供情侣或是一家三口使用，更充盈了一种独特的床文化。由此可见，当年的 SACCO 产品的"子孙"们，如今已经成功转型为度假用品。

新奇科技

绿洲公交站

　　虽然巴黎一直宣称要"面向未来"，却始终没有给人留下什么高科技的印象。这与它的历史与风俗有一定关系。在这座古都里，四处都是美术馆与古老建筑的痕迹，任何一处公共设施或是新的建筑物，都必须采取与其历史区域相符合的色调与造型。

　　最近，这一情况终于有了些许改变。巴黎市政府向各大企业、发明家、设计师、建筑师们提出了一项设计提案，名为"智能化街

试运行中的公交车站。巴黎市政府会将乘客
们的反馈收集起来，以做参考之用。

道机器的应用"。他们希望利用一些崭新的高科技器具，美化道路与各处公园，为市民的生活带去便利，从而打造一个环境友好的新巴黎。为此，他们积极从年轻人手中募集了一些创新性的设计提案。在截止日期的一年之后，也就是 2012 年 3 月，40 个中选提案里的一部分终于被搬上了现实的"试验台"。

这其中的一项，就是以"免费网络绿洲"为主题的新公交车站。113 页的公交车站，由八根完全不垂直的立柱支撑而成，虽然在视觉上略给人一些危险的印象，但造型上却与周遭的树木极为相似，因此完美地融入了景物之中。除此之外，这座公交车站还二次利用了天然雨水，在屋顶上种植了一片草坪，并且给每一把旋转座椅配备了小桌板，还搭设了一块触控屏幕，以提供巴黎市内的各项信息。如此设备齐全的公交车站，可谓是当之无愧的都市绿洲。

114 页中的公交车站视野开阔，顶部的 LED 玻璃在发光的同时，还可以充分利用自然光，两相结合，十分节能环保。更值得一提的是，车站中等待时间的提示设置也设计得十足精巧。随着公交车的靠近，LED 屏幕上的数字会不断减少，每过 30 秒，上面的条纹就会消失一道，快要到站时，屏幕的亮度会得到增强。不仅如此，LED 屏幕高度的设置也十分合理，使得人们在远处也能够知晓公交车的到达情况。

　　车站内42英寸的多点触控屏，功能非常强大。你不仅能够查到公交车与地铁的路线图与换乘路线，还能知道出租车、租赁自行车与电动汽车的运行情况，甚至可以检索到各大商店、餐厅、观光景点以及文化场所的相关信息。与此同时，车站还提供免费充电服务，USB接口更是有三处之多，实在是实用之极。这样的公交车站，不仅完美地执行了"等候公交车"的任务，更是进一步超越了本身的职能，开始尝试着转型为一处公共信息服务中心。

　　巴黎，俨然已经成为了现代设计的试验之都。

不是只有四轮车才能搭载梦想。两只轮子，三只轮子，也一样可以带着人们启航。给过时的用具一个机会。旧的东西重回舞台，也能成就人们新的康庄大道。

完善的系统孕育出环境友好城市。在这里，别穿着你那邋遢的拖鞋和睡衣开车乱窜。便捷轻松下产生的尾气，是城市致命的毒药。

安全先行

自行车专用信号灯

日本的自行车风潮持续已久，但遗憾的是，与此相关的基础设施建设却还并不完善。即使人们很想承认，飞驰在人行道上的自行车的确对生态及人们的健康起到了一定积极作用，但其中的安全隐患也不容忽视。

荷兰国民平均每年步行 800 千米，但法国却只有 87 千米。可能是这巨大对比产生的自卑感在作祟，法国政府向全国发布了"环境友好计划"。在此基础之上，法国政府大力推动自行车的租赁及专用路面的整备活动，同时向企业和个人提供了一笔丰厚的通勤支援费。这一系列举措的力度之大，实在令人咂舌。

2012 年 6 月，不同于以往的交通标识，崭新而闪亮的自行车专用信号灯亮相于巴黎。它的设计与荷兰、比利时的信号灯相仿，都是一块闪耀的自行车形状 LED 灯，些许不同的是，巴黎的信号灯由一个个简单的小点组成。

但组成这架自行车的小点，却并不是发光的 LED 灯。相反，巴黎采取了一种更加经济节能的设计，就是在剪成自行车形状的底板背后，安装一个更大而完整的 LED 灯。同时，为了配合自行车骑行者的视线，信号灯安装在了相对较低的位置。

　　两相对比，日本的现状则显得不尽如人意。直到现在，日本依然在使用含糊不清的"行人·机动车专用"行人标识，这种情况无疑是由业界及行政机关的疏忽而造成的。我们都在翘首以盼，日本能够尽快划分出自行车专用车道，并设立更加明确易懂的信号灯。

巴黎 Le Marais 地区靠近塞纳河畔的地方竖立的自行车专用信号灯。

以"车"代"车"

公共自行车Velib

巴黎市内的公共租赁自行车 Velib，一经推出，便在一个月之内吸引了 140 多万人竞相使用。市长推出的"舍四轮用两轮"活动与自行车专用车道的整备同时进行，齐头并进，获得市民的广泛好评。而这次成功的关键，还在于巴黎市政府的果敢决断，它以市内 1600 处广告牌的 10 年使用权为交换，将公共自行车全程的设置、运营、维修和保养统统交给了经验丰富的德高集团。

这家公司先前便拥有如公交车站、公共洗手间等诸多成功案例。这一次，德高也运用了惯用方法，为大气净化做出了贡献。为了让 Velib 能够成为市民及游客的最佳代步工具，德高综合了诸多考虑，决定在整个自行车车身上包裹一层塑料。这样的设计不仅安全牢靠，更能够防止乱涂乱画等破坏行为。同时，塑料的用色选择了与建筑物墙壁颜色一致的银灰色，在外观上也十分协调大方。

然而，巴黎始终坚持在公共设计中回避摩登新潮，远离现代艺术。除了"前 30 分钟免费使用"这一点还堪称革新之外，Velib 的整个设计简直保守得惊人。然而，低调的设计反而更凸显了政府推行环境政策的用意，这样看来，这一点低调说不定也是德高策略中的一环。与此同时，为了让未来的孩子也能更多地使用自行车，巴黎市还在公园等地免费设置了 300 辆儿童专用 Velib。

现如今，Velib 已经成为巴黎各处观光景点中不可或缺的代步工具。

河上工厂

Velib修理船

自行车的设置及修理、车辆的配置、使用收费等各环节环环相扣，运行完善。可靠而强大的系统造就了 Velib 今天的成功。

公共租赁自行车 Velib 的推行虽然不及阿姆斯特丹、哥本哈根等地彻底，但它的成功，还是对巴黎的环境友好城市的建设起到了巨大的推动作用。Velib 推出之后，平均每辆每天的使用率达到了 8—10 次，单辆车辆的行驶路程则突破了 1 万公里。如此之高的使用频率，几乎是普通家庭自行车的 50 倍。而在这一成功的背后，完善的电脑控制系统发挥了巨大作用，它能保证总计 2 万辆公共自行车能够数量合理地分布在全市 1400 个不同站点。

但仅仅这样还不够。如果没有妥善的修理系统，这 2 万辆自行车就会陷入无法工作的尴尬境地。而巴黎市公共自行车修理场地的位置，完全堪称是神来之笔——他们把修理厂设在了郊区的一艘船里。这艘船名叫"Cyclocity"，共有四名修理工，每日穿梭于巴黎中央的塞纳河中。在河的左右两岸，共设立了八处收集损坏自行车的集装箱。修理工们将集装箱内的自行车转移到船上，直接在船上完成修理，再放回集装箱内。恢复性能的 Velib 将会经由陆路上的最近路线，重新回到各个自行车站点。

塞纳河上的船只，不会遭遇路面上的交通堵塞，可以在市内自由往来。利用船只的这份智慧，其实才是 Velib 成功背后的最大助力。

观光创意

脚踏出租车

　　双座自行车上大咧咧地印着"出租车"三个字。这种两人同骑的自行车，现如今已成为巴黎游客的一件交通工具。有许多戴着红色贝雷帽、穿着红色小马甲的小哥们，正悠闲地等待着自己的乘客。这样的一幕，就出现在夏季的巴黎圣母院附近。

　　当然，这种"出租车"也并不是哪里都去，它的主要功能，还是带领游客参观巴黎的各处名胜。在此之前，各大景点也想出了许多吸引游客的交通方式，且尤以古典风格居多，如马车、附带装饰的路面电车等，但双座自行车还是较为少见。这其中固然也有一些模仿纽约的痕迹，但难得的是，这些自行车的驾驶者，都是一些对自己腿部肌肉极具自信，且愿意成为司机的年轻失业者。

　　在法国，环法自行车赛是一项具有国民性质的大型活动。受此影响，法国的各处观光点也都设有国营的自行车租赁处，在那里，你就能看到这些"出租车"的身影。带上一位导游，两个小时就能环游一圈巴黎，这样的观光项目目前正大受欢迎。

　　巴黎公共设施的颜色多为绿色，这些"出租车"也不例外。自行车车头上插着一面三角小旗，再搭配上身穿红色主题色的"司机"

小哥，这一套设计让兴致勃勃的乘客们大感满足，整个画面与他们心中戏剧背景一般的巴黎，可以说是不谋而合。现如今，各大发达国家发展的前景已不再是过去的传统生产业，而是旅游等服务行业。巴黎市为创建环境友好城市而大力完善基础设施，这一份智慧，可并不仅仅是为了生态和平。

双座自行车版本的"出租车"。从专门的驾驶员培训学校毕业的驾驶者，月收入可达 13 万日元。

站前出租

连通各地的三轮车

1997 年，三轮自行车式的出租车出现在德国。现如今，这种名为 VELOTAXI[1] 的全新事物在日本也已闻名遐迩。

巴黎也有这种三轮出租车，最早是专为旅游观光使用。这种情况在 Velotac 公司的主张之下发生了改变。2009 年才刚刚创立的这家公司，为连通换乘极为不便的里昂、贝尔西及圣拉扎尔三站，提出了以三轮出租车为连通工具的独特计划。最开始的时候，他们与国有铁路达成协议，决定只进行限期三个月的试运营。在当时，每辆三轮出租车可以搭乘两位成人和一位儿童，车后还安装了便捷的行李架，收费标准为每 5 公里 5 欧元。

现如今，这种三轮出租车已经不仅仅服务于各站点间的换乘，而是将营业范围扩大到了全市之内。除了运送乘客和最高上限 250 公斤的行李外，它还成为一处移动的广告牌。仅仅是更换了其中的一些零部件，三轮出租车的适用范围就发生了质的变化。它既不会产生噪音，也不会排放尾气，还适用于行动不便的残疾人。就连法

---

1 VELO在德语中是"自行车"的意思。

巴黎里昂站前的 Velotac 三轮自行车

律也对其大开绿灯，不仅允许三轮出租车使用公交、出租专用车道以避免遭遇拥堵，还允许它在单行线上逆向行驶。

但它能做的还远不止这些。Velotac 的董事长曾自豪地说，三轮出租车的设计新鲜而完美，它最大的功能，就是连接起人们的笑容。

生态快递

橙色三轮配送车

在巴黎，快递服务总是令人十分恼火。就连在商场买一件家具，都要等上三个星期才能送货上门。在消费者的一片怨声之下，巴黎市政厅附近的 BHV 商场难得地有了反省之意。可能是他们终于意识到了自己所兼具的社会责任，又或者是想要挽回已经岌岌可危的消费者好感度，最近，BHV 推出了独特的三轮车快递配送服务。

这种三轮自行车靠电力运转，因此非常节能环保。同时，相关配送人员的安排则由非营利组织 La Petite Reine[1] 负责。这个组织专为失业者、未受教育群体、生活贫困人群等服务，会尽可能地为他们提供工作机会，如快递发货前及搬家前的打包工作、公园的卫生打扫工作等。如 BHV 之类的企业，非常支持该非营利组织的活动，会将一些企业内的配送服务委托给他们。

与此同时，配送用的三轮车设计也大有讲究。车厢的侧面是大幅的企业广告，除此之外的车身部分，则以深绿色为主色调。但是，车厢顶部向上倾斜的雨篷以及驾驶员背后的车厢板，都是明晃晃的

1　在中文里，有译为"小皇后"一说，但并不常用，且受到同名电影《疾速王后》的影响，故此处用原书中的法语。——译注

橙色，与公司标志的底色保持一致。这样的用色，使得人们在远处就能识别车辆。另外，翘起的雨篷设计也十分独特，比起挡雨，遮阳的功能反而更加突出。

　　车厢高高耸起的三轮配送车，形状肖似马车，设计尤其古典。现如今，这种快递配送车的总数已达到 55 台，奔走于全国四座城市，发展十分迅疾。

鲜艳的橙色三轮配送车

环保邮政

手动拉杆包

一位女性拖着她的拉杆包行走在巴黎街头，车轮发出一阵阵清脆的轻响。整个包体积很大，用于购物实在是有些大材小用。仔细一看，上面竟然印着"LA POSTE"字样，还有法国邮政局的标志——一只燕子。法国并不像日本那样大力呼吁邮政民营化，反而更关注于业务的合理化、服务的多样化，以及邮政的环保化。2000年，法国开始实行这种"拉杆包邮政"。邮递员们下了摩托车之后，拖着他们深蓝与黄色相间的邮政专用包，穿梭在大街小巷派送邮件。当然，这也是因为法国的某些道路过于狭窄，车辆无法通行。

2011年开始推行的绿邮票行动也是邮政环保战略的一环。法国的象征是玛丽安，连邮票上也印有玛丽安的头像。印刷为绿色的邮票在使用时会产生一定的价格折扣，而相应邮件的运送会使用火车而非汽车。这一举措让二氧化碳的排放量降低了15%—30%。

在给企业配送之后，拉杆包会重量大减。因此，将配送时的纸屑垃圾带回邮局已经成了一种业界不成文的规则。邮政的寒冬还远远没有过去，但这份为了环保的努力与如此真挚的服务，却让人们的心温暖了起来。

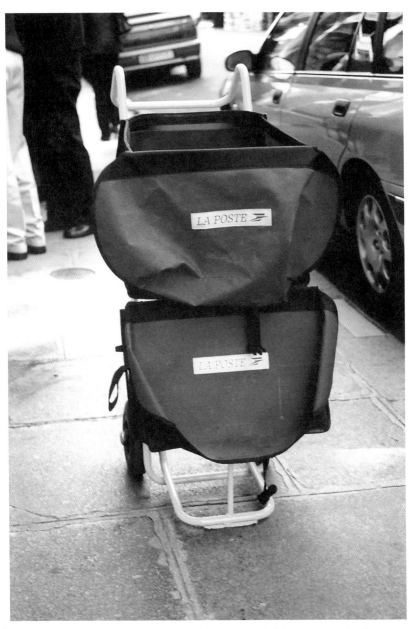

在 1984—2005 年之间，这种拉杆包广泛应用于邮件运送，包上印着法国邮政局的标志。现在的标志是以黄色椭圆打底，上面印有一只蓝色的燕子。

一路直达

和自行车一起坐电车

和自行车一起坐电车。

在德国与法国交界处附近的车站里，一位女学生推着自行车走下了电车。在环保大国德国，出现这种场景实在有些诡异，让我禁不住怀疑，这附近该不会都被非法停车填满了吧？带着这种疑问，我情不自禁地跟了上去。

　　然而，这座站台的周遭设施却出奇的干净利落。唯一有些特殊的是，上下楼梯的左右两侧，分别有一道浅浅的沟槽，比自行车轮胎的宽度略宽一些。这位女学生将车轮轻巧地嵌在沟槽之中，之后推着自行车慢慢地走下了楼梯。

　　推着自行车乘电车，这种情况在瑞士出现已久。瑞士甚至为其设置了专用的检票口，某些车站还搭配了便于通行的直升电梯。相比之下，德国这家车站的设施则略显简洁，只有一道浅浅的沟槽。这样的设计，恐怕只有力气足够、脚下稳健的人才能轻松驾驭。

　　一路直达——这一点一直是机动车的最大优势。但如果"携带自行车坐电车"成为可能，二者结合下的便利程度就能与机动车比肩，更何况自行车停车场的占地面积还要更小一些。高中生们精力充沛，这样的举措，对于他们的上下学通勤而言，再合适不过了。

　　换乘的便利与否，很大程度上决定了交通工具的便捷程度。因此，自行车、电车、公交车、车站等一系列基础设施的设计，无疑将成为今后的热门话题。在瑞士，公交车不仅提供运送旅客滑雪板的服务，甚至还可以在车后搭载旅客们的自行车。

孩子、残疾人与老人，用千变万化的友好型设计延伸他们的手足。

只要提出你的希望，它们便能成为你想要的形态，拥有你需求的功能。

这一类装配工业的未来，将会是设计师们今后活跃的最佳舞台。

微笑轮椅

公认素材下的创意

巴黎的一处公园里，轮椅轮子上的笑脸正沐浴在温煦的阳光下。这张笑脸，被人们誉为"蒙娜丽莎之后最广为人知的笑脸"。轮椅上的残疾人在这张无邪脸庞的陪伴下，无形间给予了周遭人们一种安心的感觉。

这个图案诞生于 20 世纪 60 年代，由美国设计师 Harvey Ball 设计而成。它最基本的三个要素是明黄色的圆形底面、椭圆形的黑色眼睛，以及一道弧线构成的嘴巴。不过，在不同场合下出现的它，经常与原版造型有些许出入，有时眼与嘴会稍许变形，有时会多了眉毛与舌头。但不管怎么变化，只要在大圆形之内凑齐了三要素，那它毫无疑问就是那个标志性的笑脸了。

半个世纪以来，这个图案收获了世界各地各年龄阶层人们的喜爱。与那些传统的企业标志不同，它在大小尺寸、使用位置上都没有严格的要求。但是，那肖似笑脸的圆形、明晃晃的黄色、圆圆的黑眼睛，以及简洁的弧线型嘴巴，这一系列组成要素都具有强烈的自我表达力。因此，就算在原图形上多加变化，所有的笑脸图案也都保持着自己固有的一致性。在这背后，藏有一个灵活标志（形象设计）的独特秘密。

这个微笑使轮椅染上了鲜艳的色彩。

鲜亮用色

橙色运送车

BABBOE CARGO BAYKE，两轮型。

　　下午四点半左右，法国的各个小学和幼儿园门口聚满了人。无论风雨，这些人都要接送幼儿园及小学低年级的孩子们上下学。相较于日本，法国的更多家庭都是父母共同工作，因此多选择雇人接送孩子上下学。

　　这辆搭乘着三名儿童（核载两人）、行驶于回家途中的别致自行车，给人留下了深刻印象。孩子所乘坐的位置离地面很近，且配有安全带，因此十分稳定，翻倒的危险也大幅降低。这样的设计，绝不会出现在日本那些搭乘孩子的自行车上，因此可谓是超乎想象。更独特的是，孩子所乘坐的椭圆形"车厢"，是由几块 10 毫米厚、

图片上的"车厢"，原核载为两人。

打磨精致的木板构成。木板涂成了闪耀的橙色，在雨天接送时显得尤其亮眼。

"自行车王国"荷兰的自行车，设计精美独到，可谓是风靡整个欧洲。2007年，仅由三人创立的自行车公司 BABBOE CARGO BAYKE，以超越前人的更低价格、更好性能为目标，设计制造了两轮、三轮、两名及四名儿童用、货物用、电动发力等不同类型的自行车。现如今，这家公司已经在16个不同国家设立了分店。CARGO BAEKE（载物自行车）将成为未来生活的必需品，在这种理念的推动之下，这些自行车的设计才得以横空出世。

丹麦制造

Nihola自行车

在巴黎的著名观光胜地——巴黎圣母院的旁边，一辆三轮车搭载着孩子们的欢声笑语，如风一般驶过。车前载着两个孩子，车后还坐着一个，而骑车的女性，据推测应该是他们的母亲。三个车轮，三个孩子，驶过的这辆车前映着它的标志：Nihola。

10年前，丹麦举办了一场设计竞赛，题为"无需引擎，行驶安全，且可负载两名儿童、一箱啤酒的车辆设计"。当时，获得这场竞赛胜利的是 Niels Holme Larsen。以此为契机，他辞去了工程师的工作，开始自行生产三轮车。

Nihola 的三轮车，设计时髦且实用环保，不仅在丹麦享有盛誉，在整个欧洲市场都大受好评。迄今为止，该品牌已经有 7000 台三轮车投入使用。在北欧国家，自行车种类多种多样，但 Nihola 的重量是最轻的，且车把的操作感极为优越。不仅如此，它还变化多样，不仅可以用来接送孩子、购物、搬运，还可以用于宠物散步、活动广告；有些车型是低底板[1]车厢设计，还有一些甚至支持残疾人使

1　指车厢底板与地面距离在35厘米（含）以内的设计。多用于巴士及有轨电车，具有稳定性高，便于老人、儿童、残障人士使用的特点。

后座的椅子上设有保护儿童
足部的配件。

用。现如今，Nihola 的三轮车不断追求"丹麦制造"的高质量，设
计生产愈加精益求精。

　　这种交通工具，需要在道路建设及相关法律双双完备的条件下
才能使用。尽管如此，我还是由衷地希望，这种无需汽油、充满魅
力的设计能够早日出现在日本。

变化万千

会捉迷藏的自行车

最近的机动车设计实在是令人大失所望。就连集全世界期待于一身的电动汽车也难逃厄运，让人产生一种如临设计末日的悲戚感。但是，自行车的设计却精品频出，令人眼花缭乱。可能是因为量产方式的不同，自行车得以进行各种变不便为方便的挑战。这让人们看到，这件古老却日益进化的交通工具，正脚踏实地地走向自己的未来。

巴黎一家 CD 店的路边摊位旁，一辆自行车像捉迷藏那样"蹲"在那里。说它是辆折叠车，却又好像没彻底折叠起来。这辆自行车的制造商，是英国的 BROMPTON。如果将前轮、后轮及车把完全折叠，整辆车就会缩小成一个长 60 厘米、宽 30 厘米的长方形，但这家店面旁的自行车，却只将后轮向前折叠了 90 度。因此，自行车便像是捉迷藏一样"躲"在了人行道边缘，却也不会对过往的行人造成困扰。

这样的自行车，路上行驶自然不成问题。除此之外，它还可以带上火车、放进车站的储物柜或是暂停在人行道一侧，等等。面对使用者的不同需要，它可以自由地变换形态，甚至符合社会上的礼仪规则，这足以看出，制造商在折叠自行车的设计上下足了功夫。

　　自行车爱好者的增加，并不仅仅是因为 21 世纪对生态和健康的需求，更因为这些灵活的设计能够在最近的距离实现他们的期待。但愿有一天，电动汽车也会像自行车那样，成为人人都可以设计创造的事物，能够让我们将设计的梦想放心地交托于它。这一天，或许已经不远。

自行车的可能性能够在巴黎充分展示，得益于其专用道路的完备。

专为爱宠

宠物手推车

2008 年 8 月，纽约一位 87 岁高龄的富豪去世了。这位女性生前便已恶评缠身，去世后，她给自己的宠物狗"trouble"留下了 14 亿日元的高额遗产。这件事也成为媒体报道下的一条丑闻。

高龄化现象并不仅仅存在于人类世界。因此，各家门店纷纷推出了设计精巧的老年犬类辅助用具。它们的名字多种多样，有的叫宠物手推车，有的叫宠物运送车，还有的叫宠物婴儿车，等等。它们当中，有些商品的质量几乎与婴儿手推车相当，甚至出现比婴儿手推车更加优质的商品。

巴黎这家宠物店中的手推车，配有三个 12 英寸的车轮。它设计灵活，可以先将宠物狗放进尼龙制的口袋里，再将袋子安装在手推车上固定好。这样的设计，毫无疑问是为了配合宠物的不同姿势，让其舒服地散步。同时，车上的口袋还易于拆卸，以便随时保持清洁。

在当今时代，人们对于宠物所倾注的爱，有时甚至超过了家人。在这样的都市环境下，我们所需要的远不止是一辆宠物手推车。我们更迫切地需求着与宠物共同活动的场所，以及宠物用具的多样化设计。

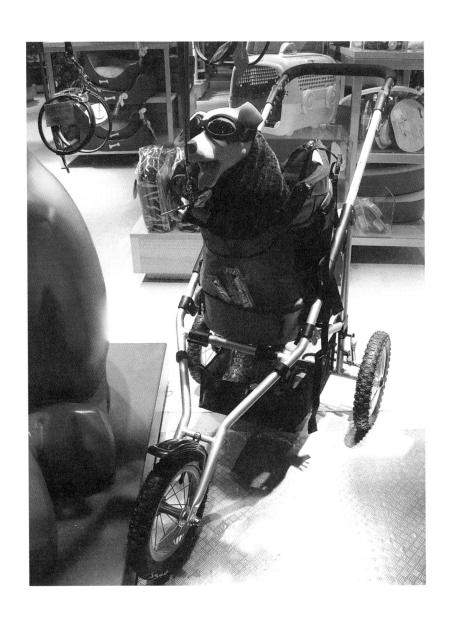

如果想和宠物一起乘坐火车在欧洲旅行，需要兽
医签发的通行证。

旧物创新

藤制三轮车

那些被弃用的自行车与摩托车喧宾夺主、占领车道的景象，已经成为一种"亚洲特色"。在日本，有些人甚至即便已经交了罚金，依然不愿意领回他们被没收的自行车。

这些没用过几次便惨遭抛弃的低价自行车，本身也存在一定的问题。如若它们能受人喜爱，那么即使已经无法使用，也会令人不舍丢弃。但遗憾的是，很多自行车并不能做到这一点。

在巴黎市中心的圣路易岛，停着一辆藤制三轮车。车身上所有不承重的部分都由藤条构成，而必须要使用钢铁的部分，则在外侧包裹了一层藤衣。车上搭配了行李架和笼子，据推测，应该是一辆配送用的三轮车。这辆藤制自行车仿佛是在进行某种实验，想要证明设计无须样样创新，在只更新材质的前提下，也能创造出新鲜、具有魅力的产品。这样的设计与生产手法，可谓是与荷兰的设计团队 Droog 不谋而合，他们也偏爱在利用固有古典形式的同时，又为其披上一件新的外衣。

现如今，Droog 已经在阿姆斯特丹拥有了宾馆、咖啡厅与店铺，并参加了巴黎设计周，其影响力之巨大，毋庸置疑。

配送用的自行车在停车时成为一道街头景观。藤制设计使
这道景观更显柔和。

手摇轮椅

化阻碍为零

无论是电动轮椅还是手摇轮椅，一眼望去，都会明白这是为了腿脚不便的残疾人而设计的用具。但是，在日本街头也出现了一种新款轮椅，乍看之下，竟令人误认为是一种"体育用具"。

姿势放松、两脚前伸、手动前进——这是人们传统概念下的手摇轮椅形象。而在巴黎街头常见的手摇轮椅，却同时装配了电动马达、脚动部件等可供选择的不同零配件，使得轮椅可以根据使用者的需要自由变化形态。这样的轮椅，多产自英国与荷兰。

在巴黎圣母院附近，我偶遇了一位坐在手摇轮椅上的女性，她正和自行车骑游的伙伴们一起四处旅行。在我称赞了她的手摇轮椅之后，她便向我展示起了自己"座驾"的机动力。只见她左右两手交替驾驶，满脸笑容地在桥上绕了一圈，灵活得犹如跳舞一般。

她的这场表演，收获了骑游伙伴们的掌声。在那一刻，正常人与残疾人之间的所有不同都消失了。这一瞬间的出现也让我相信，一定存在着某种设计，能够冲破身体条件的障碍，让所有人都能踏上旅行。

辅助工具"治愈"了残疾，友情也一样具有这种功能。

第九章

展示中的灵光一现

　　"展示"对于产品设计师来说，是一件难事。仅仅一件物品、一块展板，这样的展示无异于中学生水平。所谓展示，应让人见一切之不可见。超越过去、现在、未来、空间，这样的展示，真的存在吗？

展示魔术

俯身仰视

1900 年，万国博览会在巴黎大皇宫举行；在 93 年之后，这座建筑的天花板上终于再一次出现了装饰的痕迹——修整之后焕然一新的巴黎大皇宫于 2005 年 9 月 17 日正式对外开放。建筑外侧是石制表面，内部则完全由玻璃和钢铁构成。整个展示空间，光是屋顶的面积就达到 13500 平方米，因此，其内部建筑构造更是吸引了众多市民的关注。

场馆开放后，人气惊人，等待时间长达数小时的队伍包围了整个会场。为了进一步凸显屋顶的美丽，场馆内安装了两个球体，但也正是这两个球体，成为了大皇宫超高人气的最大功臣。这两个球体，半径约为 5 米，是 16 世纪时被进献给路易十四的地球仪和天球仪。

20 世纪之后只公开展览过一次的梦幻球体，吸引了众多游客前来观展。场馆内音响合成器中回荡的音乐，犹如繁星降临一般。两块镜子面对面地横向安装在那里，向里一看，映入眼帘的景象令人大吃一惊。镜中映出的正是玻璃、铁架以及巴黎的一片蓝天。两个球体的上下两侧都分别安装了一面镜子，而在下方人群中的那一面镜子则分别映出了不同的景致。一边是蔚蓝色的地球、屋顶以及远眺的如洗晴空；另一边则是星座、屋顶和同样的大片蓝天。

　　夕阳西沉时的光影美景需要搭配上躺椅来尽情观赏。而在这座空旷的巨大空间里，人们却可以通过俯视的方式观赏 45 米高的建筑穹顶——这样的展示，简直就是一场魔术。

分别在两个球体的上下
两侧安装的镜子。

153

投影艺术

自动翻页的巨型图书

在巴黎国立图书馆的展示厅中，竖立着一本自动翻页的巨大图书。高 2 米、厚 30 厘米的这本巨书，书页正一页一页地翻动着，在这本书上，学者的肖像、望远镜的图片、相关的解说文章，不断出现又消失，看起来像是一本天文学方面的教科书。

当然，这并不是一本真正意义上的书，而是一块木质的立体显示屏幕。屏幕以一本打开的书为原型，书页翻动的景象与书的内容，完全是相关图像投射在其上的投影。虽然只是个简单的小把戏，但书页的精良及逼真程度还是牢牢吸引住了观众的视线。

对于艺术作品，人们只需要欣赏即可。但科学技术的展示，则需要想方设法地让观众阅读并理解相关解说。这件设计作品，将传统的解说通过古典书籍的形式展现出来，并汇编成了一页页神奇而富有魅力的巨大书页。这使得观众们不再抱着一种阅读的心态，而是以一种轻松的观赏心态收获了知识。

在昏暗的展示会场里，拼命地去看一小片卡片上印着的介绍词——这一件引人入胜的设计，完美地解决了这个问题，让所有的痛苦都变成了轻松。设计之魅力，实在令人惊奇。

画面投映于仿如书一般的屏幕上。

以手赏画

触觉名画展

卢浮宫美术馆曾经设立过一个单元，让人们能够亲手接触意大利雕塑真品。毋庸置疑，该单元对于视力障碍人员也正常开放。这项活动成功之后，多家美术馆都在面向残疾人的展览中下足了功夫。

在蓬皮杜艺术中心四楼的"accessibility[1]"单元里，一幅幅 A3 纸张大小的黑白名画正在 60 度倾斜的展示板上展出。这是一次邀请视力障碍人士共赏名画的可贵尝试。画作被呈现在手感分明的醋酸纤维板上，并根据颜色深度的不同，设置了八种深浅不一的凹凸痕迹。在此设计之下，视力障碍人士就可以像阅读盲文一样，通过手的触感来鉴赏画作。另外，展示板上还设有一处浮雕，对比了画作与人的体型，使他们能够知晓画作的真实大小。

在奥赛美术馆，导盲犬被允许入内。除此之外，各大美术馆也都采取了独具特色的残疾人应对措施，如：手语的作品讲解、大号字体的官方网站等。法国的美术馆始终贯彻着"accessibility"这一宗旨，正卓有成效地扩大着自己的社会作用。

1　中文意为"可获得的""便利的"，此处是可供残疾人观展的意思。

视力障碍人士可通过触摸展示板来鉴赏画作。

超越歧视

不同肤色的人偶模特

在阶级社会里，种族歧视的现象非常复杂。想要超越种族歧视更是难上加难。

　　直至今日，欧美各国依然存在着许多涉及人种的教条因素。这种歧视在体育和艺术界正在不断减少，但在其他领域却依旧十分突出。听说在电影界，至今仍有白人演员排斥与有色人种的接吻。甚至连有色人种模特在时尚秀上的登场，都直到 20 世纪 70 年代后期才得以实现。

　　有色人种的人偶模特，也极少出现在欧美各国的展示窗里。但是，巴黎的一家儿童服装店却做出了一项惊人的举动。

　　在这家店的展示窗中，安静地坐着两个非洲与亚洲"血统"的儿童人偶模特。两个"男孩"穿着可爱洋气的小衣服坐在白色的床上，身上的毛衣、鞋，还有袜子都是统一的灰白色调。他们的对面是一条朴素的街道——虽然中国的富人们蜂拥而至，但这里并不是巴黎的观光胜地。因此，他们的出现，也绝不会是一场有目的的作秀。

　　这里并不出售那些大企业的高档商品，只是一家贩卖家庭手工业制品的小店。在这种地方，真的会诞生跨越种族歧视的设计吗？店主说，这个展示只是表达了他的理想，他希望这世界再无种族歧视。

震撼十足

谷歌地图上的空间展示

  1971 年，建筑师巴尔塔设计建造的 Les Halles（旧中央市场）正式拆毁，在原址上盖起了一些不成气候的新建筑。当时，甚至出现了一些游行队伍，坚决反对拆毁这座钢铁与玻璃构造下的宏伟建筑。然而，时间才刚刚过去 40 年，包括购物中心在内的一系列"新建筑"就再一次面临拆除，也因此得以永恒地保持"年轻美丽"。现如今，对于拆除的普遍解释是，"建筑物空间性功能缺失"，但真正的原因，却是这里已经成为了吸毒惯犯与流浪汉们的聚集地。失败的建筑摧毁了整个场所的生气，这种情况，在巴黎实属罕见。

  在那之后，巴黎市举行了一届"旧市场复兴"设计大赛，但最终优胜者的成果，却因为受到质疑而被否定。在一轮重赛之后，最终，设计师 Patrick Berger 捧得桂冠。冠军方案的品质如何，我暂且不做评判，但其模型公开展示时的形式，却绝对堪称成功。

  在展示会场的地面上，贴着一张巨大的巴黎市谷歌卫星地图。地图上的所有房屋，都与展示用的建筑模型规格相同。在地图中旧中央市场的位置上，摆放着获胜方案的设计模型，在该楼层及二楼都可以俯瞰其全貌。来参观的人们，仿佛都置身于《格列佛游记》

今后，谷歌地图的应用也成为设计的一项课题。这样的展示存在感逼人，甚至伴随着一种压迫感。

之中，漫步在巴黎街头时，便邂逅了未来即将出现的新"中央市场"。这场展示通过前所未见的手法，让人们实实在在地感受到了现实中的都市功能。

一年之后，2011 年，"大都市巴黎 2020"在同一个会场正式举办。这场展览由谷歌与德高集团共同承办，首次将 37 平方米的地面全部布置成卫星地图的样子。但这一次，地面上铺的却不再是一张

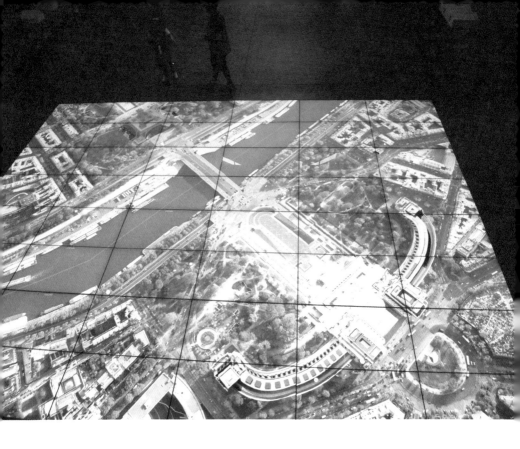

贴纸，而是货真价实的显示屏幕。曾经的巴黎、现在的巴黎、未来的巴黎，三种图景交叠在一起，在数据化之后，通过交互式的方式展现给所有参观者。

随着画面的更换，巴黎所有角落的过去、现在以及未来，一页页呈现在人们的眼前。这场展示是如此宏大，以至于庞大的信息群铺天盖地袭来，给人一种静止画面中不会存在的烦躁感。当然，只要始终专注地去观赏，这些都不是问题。但现代技术如此强大，可以自由地操控时间、空间，竟让人产生了一种被催促的感觉。这种展示手法也告诉人们，数码图片及信息展示的极限，恐怕将会由观看的一方决定。

第十章

品牌力设计与权力设计

　　现如今，所有彰显权力的设计都已经不满足于"只言权力"。甚至连衣食住各方面的设计，也都悄然抹去了它们的本来面貌。越来越多的品牌设计，开始借助商品，彰显它们的资本权力。然而，可惜的是，它们只能停留在这一层面，还来不及升华成为一种文化。

豪奢围栏

路易威登正在施工

为了纪念品牌创立 150 周年，路易威登的香榭丽舍店面从 2003 年 11 月 15 日开始，进入了长约一年的停业状态。这次停业，主要是为了店面的进一步升级，以便为消费者提供更为完善的服务。

时间进入 12 月，一位巴黎本地男子在外出购买圣诞礼物时，惊讶地驻足于店面之前，开始怀疑自己是不是穿越进了《格列佛游记》中的巨人国。在那里，搭建起了一圈约有商场五层楼高的巨型临时围栏。这圈围栏，正是路易威登旗下旅行箱的样子，连金属配件和接线处都做得栩栩如生。

在巴黎市一些历史久远的区域中，经常会有这样的施工工程，而它们的围栏设计也无一例外的新颖独特。马德莱娜教堂附近进行改建时，四周的围栏由帐篷布料制成，上面画着完工后建筑的支柱、装饰与屋顶，使整个施工过程都妙趣横生。这样的围栏本身，已经成为一种独特的新类别空间艺术。

为了维持原有的都市景观，巴黎对于建筑标准的要求非常严格。哪怕是一扇视野范围之外、面向中庭打开的窗户，要想翻修，也得确保不会破坏原有景观。一扇窗户尚且如此，更遑论香榭丽舍大街

2003 年，路易威登香榭丽舍店面周围的临时围栏。

上建筑物的改建。作为领域内龙头企业的路易威登，即使施工时间
不长，也依然做出了与自己地位相衬的围栏设计。这个巨大的旅行
箱，让过往的路人对一年后的店铺充满了期待。

围栏战术

巴黎警署的招募作战

2009 年 2 月，一块巨型围栏赫然出现在塞纳河畔。在围栏上印着的照片里，身高达 12 米的 23 名警察与消防员穿着华丽的制服，摆出了各异的姿势。乔治·西默农的推理小说"梅格雷警长"系列在日本也有众多粉丝，而警长所就职的巴黎警署，这一阵子要进行外侧围墙的整修。为整修而拉起的这道巨型围栏（100 米 ×30 米）非常壮观，看起来就像是某部电影的宣传广告。

在这道围栏之上，共展示了 23 种不同的警察职业，但除了消防员之外，其他全都不受年轻人欢迎。这道围栏设立的目的，是为了向年轻人们展示这些不同职业的不同魅力。为此，整个警署可谓是"费尽心机"，甚至在其官网上，还可以通过 YouTube 观看警官模特们在照片拍摄现场时的一些亲切表现。

这里是世界著名的观光都市——巴黎。塞纳河上，随着游船的不断前进，一幅凛然的男女群像在巴黎圣母院的背景之下，逐次映进人们的眼帘。这道围栏身兼数职，不仅是警署职员招聘的广告牌，也是巴黎市内的一道观光风景。警署的这场强势作战，有力地告诉了人们，警察所能展示的，并不仅仅只有权力。这也让众多的普通人感受到了安全与安心。

距今有百年历史的原警署建筑因老旧而无法使用。巴黎原先为了奥运村的建立，在第十七区购入了一片土地。奥运之梦化为泡影后，这块土地将成为警署的新址，并将在 2016 年之前完成搬迁。

167

权力设计

密特朗总统

在法国，家具的设计是一国领导人的象征。其中，"形式家具"已经成为法国的出口商品之一。在阿波罗飞船胜利升空的 20 世纪 60 年代，法国总统蓬皮杜钟情于摩登风情。因此，爱丽舍宫的一部分区域便被成群的塑料家具占领了。

而密特朗总统则摇摆于传统与摩登之间，甚为烦恼。他办公室内的办公桌、座椅和沙发，全部都以金属蓝为底色。而在底色之上，则镶嵌着一道道亮红色的铝制线条。但他本人又不希望整个设计都是摩登风格，因此又选用了路易十五风格的绒毯和挂毯。

"设计权力"一词最早出自皮埃尔·波林，而他本人也曾服务于两任法国总统，是足以代表国家的一名设计师。总统去世之后，家具也被从爱丽舍宫转移到美术馆。为了彰显自己的权力，法国的历代国王都设计了以自己姓名命名的家具。这些家具成为了法国对外的一种形象，同时也对出口做出了贡献。正因为如此，即使革命已经推翻了君主专制，权力与设计的"蜜月期"却还远远没有结束。

话虽如此，有一点却要说明一下，这些设计的主角及"总指导"，都是总统的夫人们。

接近于灰的蓝色与红色的组合，在形成反差的
同时，又给人以一种洗练的感觉。

生态巡逻

巴黎骑兵队

　　警官们巡逻的样子可能会让人感到心里踏实，但多半不会令人感受到美。但是，最近巴黎市中心的一场巡逻却同时给予人踏实与美的感受，隶属于法国军队的警卫队骑兵们加入了巡逻的阵营。骑兵们帽插红羽、盛装行进的飒爽英姿，只会出现在革命纪念日或是招待贵客的游行中，在市内巡逻时，骑兵们都只穿着普通装束。

　　胯下的马儿不加修饰，队员们的制服也都是普通的宽松夹克。在夹克衫上，深浅不一的两种蓝色以中间的一道白线横隔开来。马匹的马力当然只有1。因此，当巡逻的士兵给非法停车的机动车贴上罚单时，就像是"前辈"在路上对马力更优的"后辈"诉苦，那画面实在令人忍俊不禁。

　　这虽然是一种不需要使用汽油的生态巡逻，但难免会留下轻快干脆的马蹄声，以及沿路的点点马粪。这场生态巡逻的设计，有效利用了多加训练的马匹，从而创造了一道可与纽约、伦敦一较高下的休闲景观。不过，在1986年学生游行时，对着学生们拔刀相向的，也正是这支骑兵队。

这支骑兵队共有 3200 多人，马厩设立在巴黎第四
区。除了负责各界要人的护卫之外，他们还开始
在市内及森林巡逻。

视觉围栏

玛丽·安托瓦内特与障眼法

　　在巴黎的西岱岛上，留有一座曾圈禁法国王妃——玛丽·安托瓦内特的监狱。现如今，这座监狱已经成为一处观光名胜，其一系列建筑群正是最高法院所在地。这座建筑曾是国王的城堡，经过了十个世纪漫长的修整与增建之后，其走廊的总长度已达到 24 千米，并拥有 7000 扇门、3150 扇窗。

　　为了翻修建筑中老旧的部分，一年多以前，相关的整修工程正式开始。但是，这一年多里，游客可能都没注意到这座建筑正在整修。因为，在建筑周围的临时围栏上，绘制了一幅惟妙惟肖的错觉画。画上精细地描绘了建筑物原有墙壁的样子，根本看不出那其实是一道围栏。就连窗户上映出的巴黎晴空，都赫然出现在画里，因此，要想分辨哪里是画，哪里又是本来建筑，恐怕要抱着怀疑的态度仔细去看才能发现。

　　整片建筑群里，充斥着透视法、光影变化、色彩层次等绘画手法，只有脚手架的存在，才透露了这里其实正在施工。这些围栏上的错觉画，温柔地环绕着这座与玛丽·安托瓦内特颇有渊源的建筑，即使不去卢浮宫美术馆，也让人们体会到了绘画的妙趣。

最初，围栏上的错觉画全都是细致的手绘画作。
不知道从什么时候开始，变成了打印出来的画作。

两强对决

苹果与三星之争

2011 年 10 月 6 日。法国《世界报》沉痛哀悼了史蒂芬·乔布斯的逝世，并称其为"数字骑士"。这位骑士设计创造的 iPhone、iPad，正与三星 Galaxy 进行着强强对决。与此同时，苹果和三星电子之间的竞争也正在巴黎激烈上演。

面朝着塞纳河的地方，有一座被称为"巴黎古监狱"的建筑物。这里曾关押玛丽·安托瓦内特，而其整修时所搭建的临时围栏，则成为二者相争的舞台。5 月时，这里张贴了 iPad2 的巨幅广告；6 月是迪奥，之后的 8 月、9 月，则连续登载了三星 Galaxy 的大型宣传画（广告面积达到 200 平方米）。为了筹集历史建筑物整修的费用，四年前，巴黎正式解禁了墙面广告。

这些接连出现的巨幅广告，每月的收费为 2 万欧元（约 200 万日元）。据说只需十个月便能筹集到大部分的整修费用。但是，有关的章程规定，围栏必须保留原有建筑物的形态，并且广告的面积不得超过 50%。在 iPhone 与 Galaxy "战斗"的现场，围栏上的照片经过了技术处理，其中的建筑物犹如罩上薄雾一般，进一步衬托出塞纳河畔的景致。巨大的品牌广告以巴黎名胜为背景，二者两相呼应，更彰显了彼此的存在感。

因为打印用布上有许多小孔，所以围栏的表面给人一种起雾的感觉。这样的处理，营造出了一片柔和而又深邃的景致。

第十一章　　　　　安全·安心型社会与监狱[1]式社会

　　虽然谷歌并不是小说《1984》中的独裁者，但它确实在传递着个人的大数据。然而，僵硬的数据，绝不值得我们将自己的安心与安全托付于它。我们需要凝练出更多可以回应每个人五感的设计，向这个圆形监狱式的社会发起反击。

1　由英国哲学家杰里米·边沁在1785年提出。圆形监狱的设计使得只需一个监视者就可以监视所有犯人，而犯人自己却无法确定他们是否受到监视。——编注

监狱社会

个人条形码

对于商品的条形码，每个人都很熟悉。但大家是否听说过，在人的身上也添加条形码呢？

某个夏日，我要接受一项手术。在戴上一个写着自己名字并且到出院为止都不能摘下的手环之后，住院手续就全部完成了。

这让我十分惊讶，但之后发生了一件更令人目瞪口呆的事。手术的前一天，主治医生向我做了相关说明，并解释说，为了杜绝治疗中的失误，我还需要再佩戴一圈脚环。脚环上印着一条条形码，里面记录着我的姓名、性别、年龄等用于身份识别的数据。惊讶之余，我提出了质疑：如此一来，患者可谓是与便利店中的商品别无

只运用于医院内的条形码环。现如今,它已经进化成为一种名为 PositiveID 的芯片。将其移入皮肤下的实验正在进行。

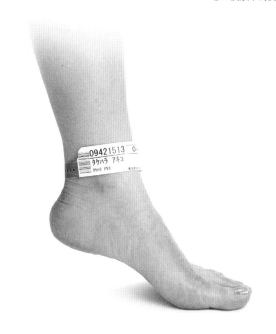

二致了啊?医生闻言,以一个苦笑作答。

合理而经济的各种系统,已经翻越了一切高墙入侵进来,并蔓延于我们生活的每个角落。对于药品的管理,条形码当然是必要的。但是,为了防止误诊就给患者戴上脚镣一般的脚环,这真的合理吗?也有一种说法,认为这是出于患者的需要,因为许多病人甚至都已经无法说出自己的姓名。然而,即便这样,人终究与物品不同,我们不需要条形码,而是需要一件能够充分体现人类尊严的设计。

为了避免人类犯错,一种极端圆形监狱式社会的体系,正在悄然向我们逼近。但其实,我们只是需要更多人力罢了。

天外飞声

不是鸟鸣，也不是"请通过"[1]

在巴黎十字路口的信号灯杆上，附有一个米黄色的小盒子。盒子十分不起眼，以至于一直以来，它从没有引起我的注意。某日，在巴黎市政府附近，突然传来一个声音——"这里是里沃利大街、圣殿大街。"但当我回头寻找时，身后却空无一人。这实在令人费解。

之后的某一天，我终于发现了这个小盒子。盒子上绘有一幅手持拐杖的人形图像，底部还设有一个开关。向上轻推开关，盒子就会发出声音，反复播报十字路口两边道路的名称。这份播报只会出现在绿灯阶段，声音时长比正常人缓慢过完马路的时间还要略长一些。

这款发音盒子，会告知视觉障碍人士，他们所在的位置是十字路口、道路交点，并帮助他们安全过马路。因为普通人往往会忽略

---

1 日本江户时代童谣中的一句歌词，意为"请通过"。

2005 年，保障残疾人便利性的法律正式出台。同时，这款十字路口处的小盒子也一同设立。

这个附带图像的小盒子，所以它的数量看上去并不太多。但它确实保障了残疾人出行的安全，给予他们安心的出行感受，可谓是一件十足优秀的设计。

日本的道路多半没有名称，因此并不能完全效仿这种措施。但是，这款盒子却给了我们一个关于设计开发的启示——我们需要一款不依赖机器，也一样可以告知当前位置的设计。

人性设计

坐着轮椅上公交车

坐着轮椅上公交车的场面，我还是第一次见到。有一回在公交车站，恰巧偶遇一位坐着电动轮椅的男子。

公交车停稳后，车门打开，乘客陆续下车。在那之后，男子按下车门边的一个甜甜圈形状的蓝色按钮。原本隐藏在车底的过渡板随即延伸而下，连接起人行道与车辆，使得这名男子可以一个人搭乘公交车。之后，男子身后一名推着婴儿车的女性也随之上车。正对车门的地方有专门用来固定轮椅的装置，轮椅与婴儿车双双就位，大约花了 2 分钟。

期间，没有一位乘客抱怨。车门关闭，过渡板收回车底，公交车再次上路。

巴黎市政府及巴黎的交通公社，为市内的共 60 条公交车线路全面提供了这项服务，10 年间的投资额达到 14 亿日元。他们统筹安排了车站的位置及人行道的高度，并且全面禁止在车站附近停车。

在设定了公交车专用路线、确定了车辆到达时间之后，巴黎市内公交车的使用人数在 10 年间增加了 28%。同时，对于残疾

巴黎对于轮椅及婴儿车上公交车的安排与考虑非常周到。

人的应对措施也愈加完善，车站设计熨帖人心。半个世纪以来，巴黎已经发展成为了一座可以对公共服务进行设计并使其成形的先进城市。

声音主角

地铁交通卡

专为巴黎地铁及公交车配备的 Navigo 乘车券，以声音为主角进行了设计。将乘车券靠近闸口，可以听到"叮铃"（欢迎使用）、"哔"（即将到期），以及"叽"（无法使用）三种音效。仅仅通过声音，就可以表达出欢迎、提醒和拒绝的三重意思，这项重要设计的背后，汇集了四类专业人群的努力，他们分别是作曲家（声音制作）、社会心理学家（心理分析）、工程师（程序设计），以及协调人员（协调三者）。

最先着手进行声音设计的，是德国的机动车制造领域。现如今，这项设计的成果正在经受来自实践的考验。静音效果过高的电动汽车，会使过往的路人无法察觉到它的靠近，这首先就是个问题。为解决该问题，人们通过计算机对引擎音进行分析，合成出舒缓音和警示音，最终开发出了可发出模拟警示音的马达零件，并且该警示音不是电子音。

除了 Navigo 乘车券的声音之外，在欧洲其他国家，还有许许多多的声音也都成为设计的对象。比如塞子拔出时清脆的声音，饮料瓶发出的清爽声音，以及上乘品质的门开关时优雅的声音，等等。不知日本的声音设计领域现状如何。不过，我听说，这款 Navigo 乘车券的声音为众多视觉障碍人士提供了极大的便利，受到广泛好评。

巴黎地铁站里与 Navigo 配套的刷卡设施。

设身处地

Thalys的站牌设计

在买了指定席的车票之后，我登上了出发的站台，但指定车厢究竟停在哪里，却无从知晓。一些大的站台，会同时为多种型号的列车服务，因此，即使头顶的指示牌已经标明车辆名称及车厢编号，我们也依然需要走上一节车厢的距离，才能知道自己的车厢究竟在左还是在右。

当然，只要提前了解一下，这一切问题都能迎刃而解。但是，在时间紧张的出差当中，我们并没有提前了解的余裕时间。一种独特设计的出现，改变了这种情况，让初次进入站台的人们也能在第一时间明确自己的车厢位置。

连接法国、比利时、德国三地的特快列车 Thalys 就采用了这样的设计。这趟列车的车厢与 TGV[1] 系列一样，外观呈圆形，且以朴素的紫色为代表色。在临近 Thalys 的发车时间时，乘务员会拿出与车厢数量相当的铝制旗杆，并将它们一一插在站台的相应位置。

旗杆上的旗高约 3 米，形状为倒三角形，代表色同样是紫色。

1　法语 "train à grande vitesse" 的缩写，意思是 "高速列车"。

在比利时安特卫普站的站台上，插着表示13号车厢位置的旗。

旗面上用鲜艳的黄色标注 Thalys 的标志和车厢编号。数字的高度与精妙的配色两相呼应，使得乘客能够方便地找到自己的车厢位置。

家中玄关摆放着的花朵，常常能让客人产生宾至如归的感觉。论及此效果，这面旗可以说是有过之而无不及，实在是令人舒心的设计。

费时之美

单眼35分钟睫毛膏

我这个年纪的人常常会感叹,现代女性的"面容"真是越来越趋向一致了。尤其是褐发、细眉、大眼这三点,一旦兼备,那真是难以分辨。

某日,我在新百合丘站搭乘东京小田急线,偶遇一位正在涂睫毛膏的女性。现如今,在电车里化妆已经不是什么值得大惊小怪的事,但我却为她的化妆手法吃了一惊。只见她接连涂了三种不同类型的睫毛膏,之后将打火机点上火,烘烤起一个小梳子一样的东西;最后,她用这个小梳子梳理了自己的眼睫毛。

之后,我询问了一位女学生,得知这是一个叫做"睫毛膏疏通"的步骤,可以让女性的睫毛根根分明。小梳子上附有 32 根金属针,加热之后,即可将打结的睫毛梳理开来。

眼线、眼影、假睫毛、睫毛膏……现如今,眼部妆容已经成为化妆过程的主角。电车内的这位女性,直到终点站新宿为止,都一直在为自己的睫毛进行"美化"工作。

单单一只右眼,她就花了 35 分钟。现代女性对于睫毛膏的推崇可见一斑。然而,在 21 世纪的现代,女性们一定要冒着车内失火的危险进行化妆吗？难道没有什么更加安全的梳理工具吗？之前用来烫睫毛的睫毛夹也是一例。在化妆用具中，着实充斥着一些相当野蛮的设计。

睫毛梳上的梳齿可以通过折叠收起来。

删除记录

分手电话

一团焦黑的手机

萨瓦奇今年 22 岁。这个青年在父亲面前总是毕恭毕敬，以至于当着父母的面，连耳钉也要摘掉。然而某日，我看到他手里拿着一块散发着异臭的焦黑物体，便走上前去询问事情的因由。

　　他说，这是他手机入火之后的残骸。在大学的院子里，社团的学生在搭灶做饭，手机经灶火烤炙之后，便成了这副模样。塑料的外壳已经完全不成形，只剩主板和配线在焦黑的表面下隐约可见。那一刻的冲动，是因为他在烧柴生火时，收到了恋人分手的短信。他说，当分手的字句映入眼帘时，他的脑中就产生了一个念头：要烧掉这些不愿回忆的过往。然而，保持翻开状态的这部焦黑手机，却难藏他心底的那份动摇。

　　在萨瓦奇所处的这个时代，已经无法再用烧掉信纸的方式清算过去了。但是，在分手的那一瞬间，还是会产生想用火烧掉回忆的冲动。对方的号码、短信的内容、发送的日期，一切的一切，都记录在这部手机里。它不仅是恋爱过往的记录，更是回忆本身，所以就连这个机体，都被一起"删除"了。

　　两周之后，萨瓦奇换了一部新手机。在这部手机中，将会留存更为大量过去的点滴。看来，从今往后，手机都需要一个可以"删除"自我的按键了。

一目了然

紧急图示

在塞纳河畔的防灾公园里，我发现了一处令人眼前一亮的图示标志。1964 年，为了迎接奥运会，日本正式设计、采用了图示标志。这种图示标志，是为了向各类母语的人们准确地传递相关信息，因此会极力避免文字及文字组合的使用。

但是，在 1970 年的大阪万国博览会举办期间，居住在日本的一些人却提出，他们对这些新出现的图示不太适应。无奈之下，相关部门只好在表示男女的标志旁边，明确地写上"厕所"二字。当然，这并不是说其他的图示都设计得简洁易懂，只是在众多的紧急图示中，"厕所"毕竟是特殊的。

在一座建筑里，表示方向用一个箭头足矣；但在广阔的公园里，单单一个箭头，很容易让人不知所措。让我们来看看照片中的这个图示，在表示男女的标志之下，除了箭头，还留有"300 米"的字样。这不仅告知人们还需忍耐的时间，同时也有让其安心的作用。

现如今，大型避难场所的标志设计正在热议中，这个示例的出现，给了我一些启发。我认为，在指示避难场所的相关图示中，也应该添加对具体距离的说明。

图示虽小，作用却大。

画面解析

逃生设计

从火车窗口伸出手买份饭的年代已经过去很久了。在高速飞驰的列车上，所有的车窗都已经完全封闭。奇怪的是，长久以来，日本的列车上竟然都没有设置可以打破车窗的铁锤，这实在令人无法理解。在欧洲，火车自然是无一例外，就连地铁都在门窗旁的显眼位置安装了一把这样的红色铁锤。

连接巴黎和布鲁塞尔两地的列车 Thalys，将铁锤的安装形式进行了更新。它们使用了一组插画进行方法说明，让乘客了解到，车窗玻璃已经得到了进一步强化。

在每一节车厢前部的车窗玻璃上，都贴上了一张半透明的纸，上面写着"逃生出口"四个字。旁边还配有一幅八格连环画，详细说明了用铁锤打破车窗的具体方法。从图画中我们了解到，首先，需要用铁锤重击车窗，破坏第一、第二层玻璃，使其剥落；第三层玻璃可以用铁锤上的铰刀轻易割裂，但需要注意，上面贴上了一层透明薄膜。

对打破车窗的方法进行说明的图画。

　　相较于文字说明，八格连环画能够让人们更加迅速地了解紧急逃生前需要完成的动作。为了应对新干线出轨的可能情况，日本的列车也应采取这种先进的"逃生设计"。

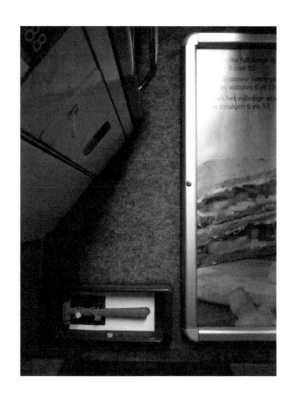

补记

在东日本大地震引发的海啸中，23 万辆汽车被水流所吞噬。日本平均一个月的机动车销量是 20 多万台，也就是说，一个月的销售数额在这一瞬间便毁于一旦。在受灾地区，受灾汽车宛如水上浮起的铁棺一般。

大众汽车曾经将"可水上漂浮一小时"作为自己的销售卖点。在具备良好密封性的同时，汽车也需要设置可以帮助乘客逃生的铁锤。这种需求甚至较之列车更为紧迫。我想要知道的是，与汽车产业相关的各位设计师，在目睹了这 23 万个"铁棺"之后，会进行怎样的思考与决断。

第十二章　　　　　　　　　　　　　　　　　　　　　　　减灾设计

　　忌惮于六千万年前恐龙的灭绝，发达国家开始了对火星的探索。世界地震总次数的约一成都集中于日本，但那里的人们甚至还无法规避身边的危险。巴黎市从未遗忘灾难，始终警示众人，并大力推动如环保街区之类的减灾设计。

IT最爱

百分百天然设计

2008 年，CURB 公司正式创立。这家公司非常有趣，零成本投入，却能制作出效果绝妙的环保广告。沙、雪、水、肮脏的人行道和墙壁——这个创造性团体可以让一切百分百天然的素材成为自己广告的创意，以上这些都是他们纵情施展的画布。创业初期，他们将 350 个体育频道公司的标志印在伦敦的积雪之中，这则广告大获成功。

在肮脏的人行道上放置镂空字模板；用高压水冲去镂空字上的污迹，将文字呈现出来；以杂草和苔藓书写文字——诸如此类极端形象化的手法，最终都会在网络舞台上一一上演。

将用天然素材设计而成的作品拍照记录，并上传网络，便会被一些报纸、电视等大众媒体报道传播。极致的形象化设计，在这个数字化社会里收获了高度好评。迄今为止，他们已几乎承担过所有世界级企业的设计。

不需成本投入，不需资金预算，只要有创意，就能酝酿出优秀的设计。与此同时，这些设计也对现有的大众媒体重新提出了追问。

CURB 开发的以发光细菌构成的圣诞广告。

警钟长鸣

"铭记"设计

纪念碑也是一种警示的方式。但为了避
免重蹈覆辙，我们需要更加强烈的记号。

　　现如今，还记得当年空袭警报的日本人已经越来越少了。当
B29 轰炸机发动袭击时，便会响起那一阵刺耳的汽笛声。而这声警
报，已经许久未曾听见了。

　　我们都乐观地认为，在和平年代，这是理所应当；但在法国，
情况却并非如此。正是因为处于和平年代，才更需要警钟长鸣。直
至今日，在每个月第一个星期三的正午时分，巴黎市都会拉响四次
时长一分钟的警报。这既是市民训练，也是定期检查，以确保紧急
时刻时，设备都可以正常使用。

　　街角处常常会有一些令人意想不到的警示牌。在绿色的底色上，
写着 "CRUE，JANVIER 1910"，意思是 "增水位，1910 年 1 月"。
牌子正中，一道白线标明了水位位置。1910 年，塞纳河河水泛滥，
巴黎市内遭遇洪灾。这块牌子作为灾难残存的记录，警示着人们曾
经的危机。

　　直至今日，巴黎市政府一直在提醒市民转移地下仓库中的贵重
物品，并为他们发放洪水预测地图。巴黎将过往灾害的经验，实际
运用在日常生活中。"3·11"东日本大地震当前，将其惨况留存记
录，并且可警醒众人在日常生活中为未知危机做好应对——这样的
设计在日本是否存在，还是一个问号。

环保房屋

巴黎联排住宅

 在巴黎第二十区，建起了一座名为"有机伊甸园"的环保公团[1]住宅（共99户）。建筑师爱德华·弗朗索瓦应征了巴黎市的公开招募，将这一块形同废墟的住宅地重建成"有机伊甸园"。在20世纪60—70年代的公办住宅中，追求采光及舒适性的白色四角建筑，一直是主流，而他却完全从正面否定了这种流行。弗朗索瓦提出一种崭新的主张——"有机伊甸园"除了外形、颜色、材质多种多样之外，居住者的种族、收入、年龄、职业等一切因素也都应该交融并存，承载其中。他的做法，已经完全超越了一般的建筑设计，而是缔造出一处与传统住宅完全不同的独特景观。

 住宅区内都是三层建筑，既有木栅栏围绕下的两户联排设计，也有锯齿形屋顶的独栋建筑。它们立在小路两旁，而小路中，还残留着曾经葡萄田的气息。砖瓦、镀锌板、铜、水泥、木板……建筑中所使用的材料多种多样，一眼望去，外观形态各异；错目之间，景致变化纷繁。其中的11户住宅还为艺术家们配备了工作室，是这

---

1 为推动国家性质事业的发展，而由政府全额出资设立的特殊法人。

公办的集体住宅，才更应该依照伊甸园打造——这是建筑师当初的理想。

个共同体中当之无愧的绿洲式存在。

　　洗手间阳台上的盆栽与环绕着住宅的绿色植物，都仰赖于天然雨水的培育。一位相关人士这样说道："明明是在巴黎的中心，却有一种住在乡下的感觉。这处租金划算且具有社会意义的住宅建筑告诉我们，即使压低预算（平均每平方米的建筑费用约 20 万日元），也依然可以完成高品质的住宅。"话虽如此，当初的审查员竟然真的拍板定下了这套方案，他的勇气，值得我们干杯庆祝。

能效标识

住宅专用

　　虽然在日本并没有此类规定，但在法国，涉及房产时，以下两种合同文件是必需的。一种是石棉禁用保证书，另一种是 2011 年纳入必需范围的能源消耗证明书。无论是租房还是买房，房屋消耗能源量都已经成为人们选择的标准之一。

　　将无形的能源化作可见的数字，这样的设计完成起来非常困难。迄今为止，世界上出现过各式各样的环保标识。从 1993 年开始，欧洲的家电市场开始普及 EU 能效标识，甚至到了卖场里的所有家电都必须注明的地步。在这种标识中，从 A 级别（绿色）到 G 级别（红色），共分为七个等级，家电的节能水平一目了然。

　　而法国，则将与此相同的设计应用在了住宅中。比如说，一间住宅平均每平方米的年均消耗能源量为 58 千瓦，它就会被划分为 B 类，在表示 B 类的箭头里还会标注相应的二氧化碳排放量。

　　在环保措施中，最关键的一环就是节约能源，否则根本谈不上"智能电网"之类的相应举措。日本的经济产业部与国土交通部，或许也应该放弃现有的不同标识，对住宅和机器进行统一，设计出一款一目了然的能效标识。

虽然这并不是房地产公司的义务，但几乎所
有商家都会注明能效标识。

电光流转

会发光的电源线

瑞典 STATIC 公司一直主张利用独特的设计，引导人们建立节能环保的生活方式。该公司由瑞典能源厅出资建立，其中整合了多个设计开发团队，通过各种展示活动及研讨会，呼吁人们节能减排。

迄今为止，STATIC 公司开发出了许多充满奇思妙想的节能产品。他们设计了一款浴室壁砖，随着用电量或用水量的增加，壁砖的花纹会渐渐消失。另外，还有看得见电流的电源线，电流化作一道流光闪烁其中。像这样别具一格的创意，还有许许多多。

用电量越大，电源线发光愈强。在半透明线路中，蓝白相间的条纹犹如理发店门口的三色旋转灯箱一般，争先恐后地流向插口处。作为节能产品之一，这款电源线能让人们更加关注电能的浪费。

将无形的电流呈现在消费者面前，从而掀起了一场消费观念的革命，这种独特创意实在令人眼前一亮。

该电源线由两名 STATIC 的设计师合作完成。

崭新纪元

租赁电动车

2011 年，或许是电动汽车史上新纪元的开端。十多年前，宾尼法利纳公司设计的小型五门掀背式轿车（Bluecar 电动轿车），现如今化身为奔驰在巴黎市内的 Autolib 自动租赁电动汽车。博洛雷公司经过与大型国企长达十年的竞争，最终成为租赁电动汽车事业的赢家。

博洛雷获胜的原因，在于他们所推出的锂聚合物电池。在充满电的状态下，它可以支撑车辆行驶 250 千米。并且，同样是干电池，别家公司的耐热温度只有 70 度，一旦超过，就有着火的危险；但博洛雷公司的电池，耐热温度达到 160 度。这种极致的安全性能，是它胜出的关键。

Bluecar 的造型设计非常普通，但为其设置在路边的胶囊式租赁站却非常时尚。近乎透明的白色胶囊被做成鱼糕的形状，既不阻挡行人们的视野，也满足了曾经对此反对的对面商铺，使它们门前的景致愈显独特。

租赁站附近的空间不大，只能停下几辆汽车，目前还无法期待它与租赁自行车的普及度相匹敌。不过，这也无妨。博洛雷公司十年间的努力成果没有白费，电池的卓越性能此时已完全显现。

2014 年 3 月发生大气污染时，巴黎市免费开放了 Autolib 的使用。

垂直花园

3毫米的秘密

    在怪石嶙峋的荒芜山地中，泰国的森林仍然一片繁茂。对这一现象进行研究的帕特里克·布兰克发现了其中的秘密——3毫米的苗床支撑起了这些植物的根部。这个秘密也成为垂直花园成功的关键。将两片3毫米厚的毛毡重叠在一起，剪开一边，使得两片毛毡间形成一个口袋。在口袋中放入残留着少许土壤的植物根部，如此一来，即使没有广袤的土壤，植物也依旧可以正常生长。

    凯·布朗利博物馆外侧墙壁上的垂直花园大获好评，其评价之高，甚至超越了让·努维尔设计的建筑本身。巴黎市政厅的附近也有布兰克的作品，他选用了彼此相配且可共存的植物，充分利用了它们颜色、形状与面积巨大的特性，在墙面之上，纵情设计了一幅美丽的"壁画"。同时，他还采用了循环灌溉系统，让水可以定期从高处流入，进行灌溉。

    由观叶植物组成的垂直景观收获盛誉，世界各地的设计订单犹如雪片般飞来。如此受追捧的布兰克工作室，其室内也是一片热带植物繁茂生长的景象。他本人承认，日本石沙庭园的岩石上生长的苔藓，曾给他带来灵感。

巴黎 BHV 公寓外墙的垂直花园

　　帕特里克·布兰克，一位曾经在水中培育出一小片森林从而震惊世界的研究者，将大都市的绿化转化为设计的主题，这完全是出于当今时代的需要。

丰田汽车

产自法国

2011年9月，面向法国市场发售的丰田雅力士（威姿）汽车的广告牌中，印上了"法国制造"的字样。众所周知，早在1998年巴黎车展亮相之前，雅力士就一直是在法国进行生产的。销售13年之后，不知为何，丰田再一次就"产自法国"这一点大力宣传。对此，《费加罗日报》给出了肯定的评价，他们认为，雷诺品牌下很多的汽车与商品都产地不明，此时强调"法国制造"，可以让消费者更加放心。

但是，德产汽车则另当别论。"即使是不懂德语的人，都知道欧宝是德国汽车。德国本身就是品质的象征。"在法国，比起欧宝这个品牌本身，出产地"德国"反而更被看重。

禅、漫画、动画、寿司……随着这一系列的事物不断传入法国，日式品牌的知名度也由此水涨船高。但是，自"3·11"东日本大地震之后，日本的进口食材开始被法国海关拦截，在巴黎的日本食品店中，接近半数的货架已经空空如也。

去日本参加学会的法国学者，都需要做出保证：赴日期间，绝不会在同一家餐馆就餐两次。提交了相关文件之后，他们才能获准出国。在法国政府看来，日本已经是一个很危险的国家了。"丰田雅力士产自法国"的标语，此时更像是企业规避日本核能污染不良形象的无奈之举——这实在是太令人难过了。

巴黎北站的广告牌。就在此时，广播中还在播放"普锐斯产自法国"的广告。

赤足小子

漫画的力量

中泽启治以当年亲身经历原子弹爆炸事件的体验为脚本，创作了漫画《赤足小子》。现如今，这部漫画已经被翻译成多种语言，行销于世界各个国家。原子弹爆炸的那年夏天，除了日本本国之外，世界多地都举行了相关的反核活动。就连曾在穆鲁罗瓦环礁上进行核试验的法国，也经常举办广岛、长崎两地的纪念展览会。

凄惨的相片、变形的瓶子……出乎意料的是，除了这些我们熟悉的展品之外，会场中还专门设立了一处"读 GEN[1]"角落。在巴黎市政厅展示间的桌子上，如数摆放着全套的《赤足小子》。法语版的这套漫画可谓是存在感十足。对主人公目光的特写，渲染四周的戏剧化背景，从这其中，我们能领会漫画式的独特表现成为国际统一标准的原因。它没有经过任何的日式加工。为了给予读者意外的感受，作者的笔触张力十足，使整本漫画充满了说服力。

30 年间，"漫画"这种表现形式已经风靡全球。在翻译为法语的 110 册日语书中，漫画多达 99 册。

1　《赤足小子》的主人公叫做小源，日语读法是"gen"。

巴黎市政厅的展示会场。这个桌子的旁边还设有座椅。

水上积木

巴黎的减灾公园

水位上涨的警报响起后，24 小时之内，设施可完成拆卸并进行移动。这是巴黎市对公园设计提出的要求——具备减灾功能。2013 年 6 月，坐落在塞纳河左岸的公园"Berges de Seine"正式完工，并完全达到了上述要求。观光道、游乐设施、餐馆、咖啡厅、运动设施、舞台……相关设施一应俱全。曾是机动车道的塞纳河沿岸摇身一变，成为了市民们休闲的好去处。

之所以对公园如此严格要求，是因为 1910 年时，塞纳河的水位曾上涨八米之多，造成了严重的水灾。自那之后，巴黎市就在水灾的应对上下足了功夫。

虽然该公园功能完备，但真正映入眼帘的大型设施其实只有两处：一处是台阶，另一处则是浮在塞纳河上的公园平台。首先，铁质结构的台阶其实是由相互连接的螺栓与螺母组成，对堤坝与河岸的五米落差起到了分割作用。2013 年 11 月河水上涨时，这座台阶可以在 24 小时之内完成拆卸并进行移动。其次，总面积达到 1800 平方米的五处公园平台全都坐落在"船上"，它们被八根铁桩拴住，即使水位上涨，也只会同步起伏，一直漂在水面。

因为地处水灾高发之地，所以巴黎对相应的设计都提出了应对涨水的要求。设置堤坝以预防水灾，这是物理性的防灾方法，而船上公园、临时台阶等也都是相关的解决措施。巴黎市选择了一套能够降低损失的减灾方案，公园里其他的游乐设施全都是临时的。

由木材拼接组成的舞台和长椅，印刷着游戏图案的桌子，贴在地面上的花纹、迷宫和世界地图等，都是即便被水淹没也不会造成太大损失的设施。公园内的店铺、办公室、咖啡厅和巡逻警察的休息室，全部都是临时的，由现成的集装箱翻新而成。整个施工过程只用了三个月。

从半个世纪前开始，巴黎市就一直密切关注着塞纳河的涨水情况，并掌握了一套事先警戒市民的完善体系。正因如此，减灾公园的设计才能够应运而生。

整个公园的准则就是临时、可拆卸，公园的运营几乎完全由 NPO 负责。

结　语

设计：由事物到体验

在巴黎的街头巷尾，我走过了 330 万步。这 330 万步，酝酿出了专栏"因设计不问自答"，并最终成形为《在街角发现设计》。

那是 2002 年的冬天，蓬皮杜艺术中心展示台的显示器全部由索尼更换为了三星。在巴黎的大型专卖店里，三星的无框电视大放异彩。日本制造的魅力从巴黎市场消失了，日本家电业遭遇重创的现实，在巴黎一目了然。这成为我开始专栏写作的契机。2003 年正式启动的"因设计不问自答"，就是为了向设计师们提供一个与现有想法不同的视角，也就是所谓的"Think Different"。

2005 年，iPod 的出现给了我更大的冲击。设计的重点已经不在"事物"，而在于"体验"，也就是软件。如果不能设计出好的体验，设计师的存在就没有意义；未来不会从零诞生，科技已经成为个人的武器——这就是当下世界的现实。能否将随处可见的技术重新组合并酝酿出新的梦想，这依然需要依靠设计。一览本书之后，不知各位的阅读过程是否轻松愉悦，并从中收获了新的启发。

《日经设计》的一个小小专栏，能够成为单行本《在街角发现设计》，这实在要仰赖以下三位的支持。首先是曾担任本书编辑的原主编胜尾岳彦先生，他曾为专栏命名，并欣然同意了专栏的刊载。其次是本书的第二任主编下川一哉先生。最后则是不辞辛苦，数百遍浏览专栏内容，并担任专栏负责人的现任主编丸尾弘志先生。在这里，对三位表示衷心的感谢。另外，本书也要献给原编辑部成员、已故的伊东郁乃女士。在《监狱社会·个人条形码》一篇中，使用了伊东女士足部的照片。

"伟大的艺术，是公认可被模仿的。那是值得模仿，也无畏模仿的艺术。并且，它不会被模仿所破坏，它的价值也不会因模仿而损伤分毫。反过来也是一样，模仿的一方不会被伟大的艺术而破坏，也不会为其损坏分毫价值。"

这段话出自保尔·瓦雷里。若将其中的"艺术"换成"设计"，也许就会开启一片别样的新视界。

竹原秋子

2014 年 9 月写于巴黎

著作权合同登记号 图字：01-2016-4954

图书在版编目（CIP）数据

在街角发现设计 /（日）竹原秋子著；张琳琳译 . —— 北京：北京大学出版社，
2017.5
（培文·设计）
ISBN 978-7-301-27893-2

Ⅰ . ①在… Ⅱ . ①竹… ②张… Ⅲ . ①城市规划 – 建筑设计 – 研究 Ⅳ .
① TU984

中国版本图书馆 CIP 数据核字 (2017) 第 003625 号

MACHIKADO DE MITSUKETA DESIGN THINKING written by Akiko Takehara.

Copyright©2014 by Akiko Takehara.

All rights reserved.

Originally published in Japan by Nikkei Business Publications, Inc.

书　　　　名	在街角发现设计
	ZAI JIEJIAO FAXIAN SHEJI
著作责任者	［日］竹原秋子 著　张琳琳 译
责任编辑	张丽娉
标准书号	ISBN 978-7-301-27893-2
出版发行	北京大学出版社
地　　　　址	北京市海淀区成府路 205 号　100871
网　　　　址	http://www. pup. cn　新浪微博 :@ 北京大学出版社 @ 培文图书
电子信箱	pkupw@ qq. com
电　　　　话	邮购部 62752015　发行部 62750672　编辑部 62750883
印刷者	天津联城印刷有限公司
经销者	新华书店
	787 毫米 ×1092 毫米　32 开本　7.25 印张　100 千字
	2017 年 5 月第 1 版　2018 年 6 月第 2 次印刷
定　　　　价	68.00 元